● 土木工程施工与管理前沿丛书

基于建筑信息化技术的“新工科”升级改造路径探索

——以工程管理专业为例

任晓宇　张大富　刘爱芳　著

中国建筑工业出版社

图书在版编目（CIP）数据

基于建筑信息化技术的“新工科”升级改造路径探索：以工程管理专业为例/任晓宇，张大富，刘爱芳著. —北京：中国建筑工业出版社，2019.2
（土木工程施工与管理前沿丛书）
ISBN 978-7-112-23058-7

Ⅰ. ①基… Ⅱ. ①任… ②张… ③刘… Ⅲ. ①建筑工程-信息化-教育改革-研究-高等学校 Ⅳ. ①TU-39

中国版本图书馆 CIP 数据核字（2018）第 281100 号

责任编辑：朱晓瑜
责任校对：姜小莲

土木工程施工与管理前沿丛书
基于建筑信息化技术的“新工科”升级改造路径探索
——以工程管理专业为例
任晓宇　张大富　刘爱芳　著

*

中国建筑工业出版社出版、发行（北京海淀三里河路 9 号）
各地新华书店、建筑书店经销
霸州市顺浩图文科技发展有限公司制版
廊坊市海涛印刷有限公司印刷

*

开本：787×1092 毫米　1/16　印张：9½　字数：160 千字
2018 年 12 月第一版　2018 年 12 月第一次印刷
定价：**32.00** 元
ISBN 978-7-112-23058-7
（33140）

（邮政编码　100037）

前　言

《建筑业10项新技术（2017版）》囊括了目前建筑业最具代表性、推广价值的共性技术与关键技术，是建筑业技术进步的重要标志。10项新技术中，信息化模块是使用范围最广的技术，也是目前建筑业重点推广的技术。BIM是建筑信息化的核心技术，BIM为建筑信息提供基础信息，也承载其他技术的信息，对于未来建筑业的发展，具有划时代的意义。《2016—2020年建筑业信息化发展纲要》中，住房城乡建设部要求把建筑信息化技术作为工程总承包、勘察设计和施工类企业"十三五"信息化发展必须具备的核心技术。目前大多数设计单位、建设单位、工程管理公司等，都把BIM技术作为改进工作流程和拓展业务的重要途径，但专业人才远远不能满足发展的需要，BIM专业人才的缺乏已经成为建筑业发展的瓶颈。

BIM的发展对工程人才的知识、能力、职业素养与视野都提出新的要求，建筑业的高等工程教育面临着新的机遇与新的挑战，需要进行全面、深刻的改革与创新，以服务与支撑建筑业发展。2017年教育部推出"新工科"建设计划，发展新兴工科专业的同时，也对传统工科专业进行升级改造，以适应新背景下的人才需求。2018年3月29日，教育部办公厅印发《关于公布首批"新工科"研究与实践项目的通知》，发布首批"新工科"研究与实践项目共612个，其中410个是"新工科"升级改造类项目，覆盖19大类工科专业，土木、建筑类项目群包括35个项目，进行基于BIM的土建类专业升级改造已经提上日程。

本书紧跟时代的步伐，以建筑信息化技术为依托，对工程管理专业进行新工科的升级改造，为建筑业培养新时代的工程人才。本书共分为9章，从新工科发展的时代需求与建筑信息化技术的人才需求出发，围绕新工科提出的"五新"与"六问"，构建融合创新工科教育范式，设计专业升级改造实施路径。通过调研不同的利益相关者群体，确定培养目标，细化培养标准，精准设置课程体系与培养计划，确定课程，建立持续改进教学质量保障体系，实现对传统专业的新工科改造升级。细化三维信息技术，分解工作内容，最终将信息化技术落实在课程与相关教学环节中，持续改进教学质量保障体系。本书综合性强，结构清晰，内容全面具体，对于专业改革操作性强。本书的读者对象主要是进行新工科研究与实践项目的工科专业的改革者、建筑信息化软件公司的从业人员、工程管理专业的教师等。

本书在编写过程中得到了中国建筑工业出版社朱晓瑜编辑的大力支持和帮助，感谢陈世行、张丽君、王保康、刘淑密、徐琦、杜兆莉、夏效静、张宇馨、宋希昱等同学搜集与整理资料，感谢山东理工大学工程管理系老师们提出的宝贵意见，感谢郭树荣教授对第三级项目“递进式”课程设计提出的思路建议。本书也参阅了许多专家和学者的论著，得到了山东省本科高校教学改革项目“基于OBE-CDIO的工程管理专业应用型人才培养模式”的资助（2016M172），也得到了山东理工大学建筑工程学院贾致荣院长的大力支持，在此表示衷心感谢。

由于作者水平有限，书中难免存在问题，恳请各位读者和同仁指正。

编　者

2018年11月4日

目　录

第1章　绪　　论

《国家创新驱动发展战略纲要》指出，我国经济发展进入新常态，传统发展动力不断减弱，粗放型增长方式难以为继。为了应对国家新经济的快速发展，开发新技术已迫在眉睫，李克强总理在2017年政府工作报告中指出，要"深入实施《中国制造2025》，加快大数据、云计算、物联网应用，以新技术新业态新模式，推动传统产业生产、管理和营销模式变革"，强调要"大力发展先进制造业，推动中国制造向中高端迈进"。同时，实施网络强国和创新驱动发展等重大战略，推进"一带一路"建设，促进了新经济的蓬勃发展。在新的经济形势下，科学技术和工业的发展呈现出新的趋势。互联网、人工智能、信息技术和社会经济活动的融合已经加速，迅速改变了工业和劳动力市场。工程教育和工业发展密切相关，相互支持。新兴产业的发展依赖工程教育来提供人才支持。为应对未来国际新技术和新兴产业竞争的挑战，专业人才的培养亟待加强。

1.1　新工科的兴起

在新的历史背景下，新技术的发展和新旧动能的转换对工程人才提出了更高的要求。我国的产业结构正在升级和调整，一方面，传统行业不得不降低生产能力和库存，导致一些传统行业的工科专业学生找不到工作；另一方面，人工智能和大数据等一些新兴行业急需人才。面对新的机遇和挑战，高等工程教育迫切需要一种新的工程教育模式来转变人才培养方向，培养具有跨学科能力、全面知识储备、创新能力和综合技能的人才。创新人才培养和工程教育模式已成为适应产业发展的最核心任务。2016年6月，中国成为《华盛顿协议》的第18个正式成员，中国的工程教育认证体系实现了实质性的国际等效，为深化工程教育改革和推动中国工程教育的新模式提供了良好的机会。这时，新工科的想法正在酝酿之中。

清华大学教育研究院林健教授提出，新工科学科专业建设的主要目标为：“主动布局、设置和建设服务国家战略、满足产业需求、面向未来发展的工程学科与专业，培养造就一批具有创新创业能力、动态适应能力、高素质的各类交叉复合型卓越工程科技人才。”

在新工科提出之前，为了配合我国经济与技术的发展，主动对新的工科专业加强了建设，试点探索了一批与产业紧密结合的示范性专业改革，积累了部分工科改革的经验。

首先，建设与新兴产业紧密相关的新兴工科专业。自 2010 年起，教育部设置了 24 种与新兴产业直接相关领域的新专业（大部分为工科专业）。2015 年又批准设立了机器人工程、飞行器控制与信息工程、材料设计科学与工程等新专业。截至 2016 年底，我国高校中新设的与战略性新兴产业相关的工科本科专业达 22 种，累计布点 1401 个。

其次，积极探索并建立新兴产业人才培养的机制，加快重要领域人才的培养。为此，国家各级部门都相继印发了相关文件。从 2007 年起，教育部和交通运输部、国家安全监管总局、商务部、中国气象局、中央网络安全和信息化领导小组办公室等部门陆续印发了一系列关于加强航海、化工安全、气象类、网络安全等重点领域和新兴产业的人才培养意见。这一系列文件展示了教育部和相关行业部门改革培训机制、加强师资队伍建设和培养新兴行业人才的措施和支持。

近 10 年对工程教育布局的探索，为新工科的引进和发展提供了大量的经验。2017 年 2 月在“复旦共识”中首次提出启动“新工科研究与实践”项目，4 月的“天大行动”和 6 月的“北京指南”继续丰富和完善新工科的内容。

1.2 新工科建设“复旦共识”

2017 年 2 月 18 日，教育部和清华大学、北京大学等 30 所大学在复旦大学举办了高等工程教育发展战略研讨会。与会代表就新时期工程人才的培养进行了热烈讨论，共同探讨了当前形势下新工科建设的必要性和紧迫性、新工科的内涵和特点以及新工科建设和发展的路径选择。

复旦大学的这次会议十分重要，拉开了国家新工科改革发展的大幕。本次会议在共同研讨下达成了十点共识：①我国高等工程教育改革发展已经站在新的历史起点；②世界高等工程教育面临新机遇、新挑战；③我国高校要加快建设和发展新工科；④工科优势高校要对工程科技创新和产业创新发挥主体作用；⑤综合性高校要对催生新技术和孕育新产业发挥引领作用；⑥地方高校要对区域经济发展和产业转型升级发挥支撑作用；⑦新工科建设需要政府部门大力支持；⑧新工科建设需要社会力量积极参与；⑨新工科建设需要借鉴国际经验、加强国际合作；⑩新工科建设需要加强研究和实践。

复旦大学校长许宁生也阐述了复旦大学新工科建设的目标：在2020年前基本完成新工科布局。至此，新工科建设在全国范围内拉开序幕，各大高校纷纷响应国家发展战略需求，相互合作，积极探讨，参与新工科的建设中来。

1.3　新工科建设“天大行动”

继“复旦共识”后，2017年4月8日，教育部在天津大学召开关于新工科建设的研讨会。清华大学、北京大学等60余所高校共聚于此，共商新工科建设的前景和规划。与会代表一致认为，培养和造就一大批具有专业性、创新性的卓越工程师人才，是我国产业发展的当务之急，也是逐步提高国际竞争力的长远计划。此次会议确定了未来新工科的发展目标：到2020年探索形成新工科建设模式，主动适应新技术、新产业、新经济发展；到2030年，形成中国特色、世界一流工程教育体系，有力支撑国家创新发展；到2050年，形成领跑全球工程教育的中国模式，建成工程教育强国，成为世界工程创新中心和人才高地，为实现中华民族伟大复兴的中国梦奠定坚实的基础。新工科的发展已成为势不可当的时代趋势，在它的带领下，一定能推动中国工程教育的发展与进步。

“天大行动”积极为新工科建设布局施策，提出了著名的新工科“六问”，即问产业需求建专业、问技术发展改内容、问学生志趣变方法、问学校主体推改革、问内外资源创条件、问国际前沿立标准。“天大行动”是新工科建设的重要历程，显示了我国高等教育在“一带一路”倡议、“中国制造2025”“互联网＋”等一系列时代命题面前积极创新、砥砺前行的坚定决心。

1.4 新工科建设“北京指南”

2017年6月9日，教育部在北京召开了新工科研究与实践专家组成立首次工作会议，全面启动和系统部署新工科建设。来自大学、企业和研究机构的30多名专家深入讨论了新工业革命带来的新机遇，关注国家的新需求，规划了工程教育的新发展，审议并批准了新工科研究和实践项目指南，并为新工科建设提出了指导意见。

会议颁布了《新工科研究与实践项目指南》，简称“北京指南”。“北京指南”包括新理念、新结构、新模式、新质量和新体系五大部分（以下简称“五新”），共24个选题方向。“北京指南”鼓励高校审时度势、积极应答，充分发挥基层首创精神，探索实践工程教育的新理念、学科专业的新结构、人才培养的新模式、教育教学的新质量和分类发展的新体系。提出以下7点指导意见与要求：①明确目标要求，培养高素质人才，建设工程教育强国；②更加注重理念引领，持续提升工程技术人才培养；③更加注重结构优化，加快改造升级，向“领跑者”转变；④更加注重模式创新，推进科教结合、产学融合、校企合作；⑤更加注重质量保障，加强人才培养质量体系建设；⑥更加注重分类发展，培养不同类型的卓越人才；⑦形成一批示范成果，鼓励高校大胆改革，重点突破。

至此，经过了“复旦共识”“天大行动”“北京指南”，新工科建设“三部曲”起承转合、渐入佳境。2018年3月29日，教育部办公厅印发《关于公布首批“新工科”研究与实践项目的通知》，开辟工程教育改革的新路径，更加深入地开展新工科研究与实践立项，推动高校对新工科进行研究和实践。加快建设和发展新工科，要求高校的工程教育要满足国家战略和产业需求，探索形成具有中国特色、达到世界水平的工程教育体系，促进我国从工程教育大国走向工程教育强国。

1.5 研究现状

1.5.1 新工科概念界定

有学者认为老工科对应的是传统产业，新工科对应的是新兴产业，这样以产业对应关系界定新工科直观且便于理解但比较片面。也有学者认为新工科对于高校和社会来说是两个不同的概念。对于高校来说，新工科是指新的工科专业，如物联网、人工智能、飞机、遥感技术、新能源和其他原本不存在的专业，当然也包括传统工科专业的升级和转型。对于社会来说，新工科的重点是新结构和新系统。这个定义从大学和社会的角度拓展了认知的视野和广度，但是新工科首先指的是新工科专业。至于新工科概念的定义，汕头大学执行校长顾佩华校长发表文章《新工科和新范式：概念、框架和实施路径》，认为"新工科的'新'是 Emergent 或者 Emerging，新工科指的是 Emerging Energineering"。新工科的概念是指一种新的工科形式，是科学、应用科学、工程科学、工程实践的创新和进步，将不同学科交叉融合到传统工科中，以满足新经济发展的需要而形成的一门新的工程学科或领域、新范式和新工科教育。"工科"是本质，"新"是取向，要把握好"新"，但又不能脱离"工科"。

1.5.2　新工科的特征

新工科具有交融性、创新性、跨界性和发展性等几个特征。交融性是新工科的学科特征，表现在新工科往往是由多个学科交叉、融合、渗透或拓展形成的，以落实新经济强调的绿色、智能、泛在等理念。创新性是新工科的属性特征，是新工科的价值所在，要求在新工科研究领域有新内容、新途径和新方法。跨界性是新工科的产业特征，是新工科在创建和发展过程中既围绕其他产业需要又注重自身构成，大胆跨越原有产业和行业界限的特征。发展性是新工科的动态特征，是新工科在其探索和发展过程中，需要不断改善和调整其方式和目标。这些是由新工科的性质所决定的。

1.5.3　国内研究综述

清华大学教育研究院林健教授在《面向未来的中国新工科建设》一文中从新工科的内涵与特征、新工科的建设目标、新工科建设的总体思路、不同类型高校新工科的建设及新工科专业建设的重点等五个方面进行分析和研究，试图清晰地回答新工科建设中必须厘清的概念、内涵、目标、思路、分类、重点等的重要问题，并提出相应的措施意见，为各类高校开展新工科建设提供参考和借鉴。

东北大学校长赵继和东北大学发展规划与学科建设处副处长谢寅波在《新工科建设与工程教育创新》一文中，从内外两个视角、经济与科技发展趋势以及高校自身创新发展的需要出发，分析新工科建设的重要性，以现阶段工程教育实际为出发点，总结新工科建设的特征，探索和发现在工程教育创新的推进过程中需要解决的实际问题。

天津大学校长、中国工程院院士钟登华在《新工科建设的内涵与行动》一文中，指出新工科的内涵是以培养多元化、创新型的卓越工程人才为目标，以应对变化、创造未来为理念，以继承与创新、交叉与融合、协调与合作为主要途径，具有战略性、创新性、协调性的特征。新工科建设的行动将分阶段推进，三个重点任务是把握学与教、实践与创新创业、本土化与国际化，关键在于三大突破，包括实现立法保障、扩大办学自主权、改革教育评价体系。

天津大学副校长张凤宝在《新工科建设的路径与方法刍论》一文中，提出新工科的建设要聚焦于提高新工科人才培养能力，围绕立德树人的基本要求，注重理念引领。要构建科学合理的新工科专业结构；以创新创业教育为引领，不断完善新工科人才培养体系；以未来卓越人才标准为依归，不断创新新工科人才培养模式。

原华中科技大学校长、中国工程院院士李培根教授在《工科何以而新》一文中，从内涵、方法上论述了新工科之“新”的关键所在。而“新”的内涵首先体现在面向未来的工程人才应该具备怎样的“新素养”，包括引发学生多一些“形而上”的思考，多一些使命感和责任感，要形成系统的空间感，培养关联力和想象力，养成批判性思维和宏思维方式。“新结构”主要从专业结构、课程体系和知识体系等方面进行审视，包括边界再设计、课程重构等。“新方法”则是探讨了学校和教师关于教育教学的方法，诸如“关联”、非正式学习、去中心化等。

上海工程技术大学校长、博士生导师夏建国教授和上海工程技术大学高等教育研究所助理研究员赵军博士在《新工科建设背景下地方高校工程教育改革发展刍议》一文中，通过对新工科的理解，对新工科背景下各地方高校扮演的角色和改革受限的原因进行分析，以及地方高校新工科建设的实践探索三个方面探讨了在新工科建设背景下地方高校应当如何开展工程教育改革，并承担起应有的职责和使命。

时任温州大学校长李校堃教授和温州大学教学发展中心主任施晓秋教授、温州大学教务处副处长赵燕在《融合、开放、自适应的地方院校新工科体系建设思考》一文中，从新工科的基本特征以及对工科人才的新要求出发，分析了地方院校现有工程教育体系与新产业、新需求之间的不相适应，给出了依托产教融合、学科融合、科教融合、创新创业融合，建设开放、自适应的地方院校新工科人才培养体系的基本思路，并给出了一个框架原型的设计。

1.6　建筑信息化技术的发展

建筑业是国民经济发展的支柱产业。我国建筑业的快速发展，带动了大量相关产业发展，对经济社会发展、城乡建设和民生改善做出了重要贡献。我国的建筑业规模虽大，但是工程建设组织方式相对比较落后，建筑设计的模式正处在重要的转型时期，需要大量的新型工程技术人才。2017年2月24日，国务院办公厅发布《国务院办公厅关于促进建筑业持续健康发展的意见》（国办发〔2017〕19号），提出要加快推进建筑产业现代化发展，大力推广装配式建筑，在较短的时间内大幅度提高装配式建筑占新建建筑面积的比例；提升建筑的设计水平，着重体现民族特色和时代精神，培育具有强大竞争力的建筑设计团队；加强信息化技术的研发，加快推进建筑信息化技术在建筑全寿命周期的集成应用，实现工程建设项目全过程的数据共享和信息化管理，为项目方案的优化提供真实可靠的依据。

2017年10月，为贯彻落实《国务院办公厅关于促进建筑业持续健康发展的意见》，加快促进建筑产业升级，增强产业建造创新能力，住房和城乡建设部发布了《建筑业10项新技术（2017版）》，这10项新技术包括：地基基础和地下空间工程技术，钢筋与混凝土技术，模板脚手架技术，装配式混凝土结构技术，钢结构技术，机电安装工程技术，绿色施工技术，防水技术与围护结构节能，抗震，加固与监测技术，建筑信息化技术。其中，信息化模块包含了BIM技术、大数据、云计算、互联网、物联网、GIS、智能化等世界先进的技术，介绍了这些技术在现场施工管理、成本分析与控制、电子商务采购、多方协同管理、动态管理、工程总承包项目物资全过程监管、劳务管理、建筑垃圾监管、装配式建筑产品生产与施工管理等9个方面的应用，对信息化的新技术细化了技术内容，设计了技术指标，规范了适用范围，列举了可供参考的实际工程案例。

建筑信息化模型（Building Information Model，BIM）是建筑信息化的核心技术，它应用信息技术与互联网技术，实现对设计、施工和管理过程的仿真模拟。它以建筑工程项目的各项相关信息数据作为模型的基础，进行多维（三维及以上）建筑模型的建立，通过数字信息仿真模拟建筑物所具有的真实信息，具有可视化、协调性、模拟性、优化性和可出图性等特点。在《建筑业10项新技术（2017版）》中，详细说明了BIM技术进行深化设计、场地布置、施工组织、进度、材料、设备、质量、安全、竣工等协同动态管理内容，BIM技术的应用更多的是体现在对项目的管理上，因此对于工程管理专业的人才培养显得更为重要。BIM为建筑信息提供基础信息，也承载其他技术的信息，对于未来建筑业的发展具有划时代的意义。

2016年8月，住房和城乡建设部发布了《2016—2020年建筑业信息化发展纲要》，要求加强建筑业信息技术标准的顶层设计，使建筑信息技术成为总承包、勘察设计和施工企业信息化发展所必需的核心技术，重视引进BIM等信息技术专业人才，培养精通信息技术和业务的复合型人才，加强对各类人员的信息技术应用培训，提高所有人员的信息化应用能力。目前大多数设计单位、建设单位、工程管理公司等，都把BIM技术作为改进工作流程和拓展业务的重要途径，但专业人才的数量远远不能满足行业发展的需要。建筑行业缺乏懂得BIM等信息化技术的专业人才已经成为建筑业发展的瓶颈。

国内外科研机构及大学对建筑信息化技术的研究，是许多硕士与博士选题的热点，清华大学的博士张洋、陆宁，北京交通大学的博士赵雪峰等，主要是从工作原理、信息集成、优化设计、虚拟建造、项目管理及标准制定等方面进行信息化技术应用研究。本科阶段关于建筑信息化技术教学、改革实践或研究的成果较少。南加利福尼亚大学助理教授Burcin Becerik-Gerber等人的研究表明，美国36%的土建类本科教学计划中没有设置建筑信息化技术的课程；建筑信息化技术教学较早的斯坦福大学、西伊利诺伊大学、怀俄明大学等高校，在土建类专业的建筑信息化技术教学并没有统一的模式。国内大部分本科院校的土建类专业的教学都涉及了建筑信息化技术，方媛、张静晓、张尚、任宏、刘照球等分别从课程内容及架构、组织形式、技术选择等方面进行课程体系研究，有些高校开设建筑信息化技术理论课、选修课或以讲座的形式开设，有些建设虚拟仿真实验室，有些要求在建筑信息化环境下进行毕业设计。虽然有越来越多的大学把建筑信息化技术纳入课程体系，但是仅仅是把建筑信息化技术作为一种工具在进行教学，仅作为增加的一部分知识，没有将建筑信息化技术与专业的学科发展融合。技术变革将引起整个行业与专业的变革，而不仅是将建筑信息化技术作为一种工具或者一门课，因此思考土建类专业如何应对国家和社会的需求，将建筑信息化技术融进学科建设，设计升级改造路径，将传统工科升级改造成新型学科，去主动适应新技术、新产业和新经济发展的需求，推动土建类专业的发展非常值得研究。

建筑业对于BIM技术的迫切升级要求，对BIM人才的求贤若渴，也正是工程管理这类传统工科进行新工科升级改造的内在动力。面向产业、面向世界、面向未来的新工科建设，统筹考虑"新的工科专业、工科的新要求"，不仅发展新兴工科专业、交叉专业，更重要的是要对传统工科专业进行升级改造，以适应新背景下的人才需求。在教育部办公厅印发的《关于公布首批新工科研究与实践项目的通知》（教育厅函〔2018〕17号）中，有612个项目为首批新工科研究与实践项目，其中410个项目是新工科专业改革类项目，覆盖19大类工科专业的改革升级，土木、建筑类项目群包括35个项目，工程管理专业信息化技术升级改造已经提上日程。

第2章　工程教育的发展

工程是人类将改造自然的方法进行优化和系统化的产物，一直像发动机一样推动着人类文明的进步，支撑着社会的进步和经济的发展。1993年麻省理工学院工程学院院长乔尔·莫西斯首倡的“大工程观”认为工程是集成结构性知识体系，知识体系的丰富离不开工程教育的发展。美国将“加强科学、工程和技术教育以引领世界创新”作为其国家战略，欧盟将欧洲高等工程教育、加强欧洲工程教育以及欧洲工程教育的教学和研究作为三大工程教育改革计划，日本和其他国家也将重点放在与国民经济发展密切相关的科学和工程教育上。

近年来，我国积极促进高等工程教育的改革和发展，取得了巨大成就。高等工程教育的社会功能已得到充分体现，但仍有一些问题亟待解决。为了满足当今我国工程、经济国际化发展对高等工程人才的需求，实现工程教育由大国向强国的转变，工程教育应在为培养卓越的工程师提供学习专业技术、社会责任意识和创新精神的条件。为了实现这个目标，工程教育者需要不断改进本科工程教育的质量和内涵。

2.1　“质量工程”

2007年教育部、财政部联合下发了《关于实施“高等学校本科教学质量与教学改革工程”的意见》(该工程以下简称“质量工程”)，提出了专业结构调整与专业认证、课程教材建设与资源共享、实践教学与人才培养模式改革、教学团队和高水平教师队伍建设、教学评估与教学状态基本数据公布等六大举措，搭建了专业设置预测系统、基本教学基本状态数据库系统、网上考试系统、网络教育资源管理和质量监控系统、精品课程共享系统、立体化教材数字资源系统、终身学习服务系统七大系统，积累了高质量的师资队伍，培育了高水平的精品课程资源，撰写了内容精良的教材，为本科高等教育提供了大量的资源，初步有意识地去实现专业设置与社会需求的互动，保障了高等教育人才培养的质量。

虽然“质量工程”不是专门针对工程专业开展的，但是“质量工程”的建设激发了大学和教师对工程教育的新思维，积累了大量的教学资源，为工程教育的发展提供了更多的可能性。

2.2 “卓越计划”

“质量工程”实施后，发展工程教育对国家人才培养的重要性逐渐被人们意识到。为了提高工程教育质量，加快从工程教育大国向工程教育强国的进程，我国于 2010 年启动了“卓越工程师教育培养计划”（以下简称“卓越计划”）。“卓越计划”的主要目标是面向行业、面向世界和面向未来，培养一大批具有较强创新能力的高素质工程技术人才，以适应经济社会发展的需要，为建设创新型国家、实现工业化和现代化奠定坚实的人力资源基础，增强国家的核心竞争力和综合国力。从设计理念来看，“卓越计划”有三个特点：行业企业深入参与培训过程，学校根据通用标准和行业标准培养工程人才，加强对学生工程实践能力和创新能力的培养。

参与高校在实施“卓越计划”的过程中，以社会需求为导向，以实践工程为背景，以工程技术为主线，培养复合型、高素质、满足未来需求的优秀工程人才。在运营层面，参与的高校旨在培养优秀工程师，将学校优秀项目的专业培养标准细分为知识和能力大纲（或矩阵），并重置、整合和优化课程体系，以确保专业优秀工程师培养目标的实现。从分析课程体系的价值取向入手，“卓越计划”研究了课程体系应该采用的结构形式，最后系统地讨论了课程体系的整合和重组。

截至 2012 年，194 所大学参加了“卓越计划”，占全国提供工科专业的普通大学总数的 19.1 %，包括 2010 年加入的 61 所大学和 2011 年加入的 133 所大学。2013 年 10 月，教育部批准了第三批 153 所大学加入“卓越计划”。2013 年 7 月，中国工程院批准了由卓越大学联盟联合申报的“面向新工业革命的工程教育体系研究”项目。2017 年 6 月 9 日，教育部副部长林蕙青在新工科研究与实践专家组成立暨第一次工作会议上指出，大学应该主动服务于行业企业的需求，加快新工科的建设和发展，并创建“卓越工程师教育培养计划”的升级版。教育部随即正式发布文件称“将拓展实施‘卓越工程师教育培养计划’(2.0版)”。清华大学教育研究院林健教授将新工科建设与“卓越计划”紧密结合，从教育教学理念、学科结构、学科建设、人才培养模式、多方合作教育、实践创新平台、师资队伍建设和人才培养质量八个方面对相关问题进行了讨论和分析，并提出了建议，为相关院校开展新工科建设和卓越工程师培养计划提供了参考和建议。

2.3 工程教育认证

工程教育认证起源于20世纪30年代的美国，旨在为相关工程人才进入工程领域提供教育质量保证，现在它已经发展成为国际公认的工程教育质量保证。《华盛顿协议》是目前相互承认工程教育本科学位的最权威和最有影响力的国际协议之一。该协议的主要目的是相互承认国际本科工程资格（通常为四年)，确认由合同成员认证的工程资格基本相同，并建议从任何合同成员认证的课程毕业的人应被视为已获得其他缔约国（地区）初级工程工作的学历。《华盛顿协议》1989年由美国、英国、加拿大、爱尔兰、澳大利亚、新西兰6个国家的民间工程专业团体共同发起和签署，协议规定签署组织须为本国政府授权的独立的非政府和专业性社团。目前国外认可度较高的认证组织有美国的ABET认证、德国的ASIIN认证、英国的ECUK认证和法国的CTI认证等。

ABET的前身是美国工程师专业促进理事会（ECPD)，1980年，更名为美国工程与技术认证委员会。2005年，开始使用简称ABET。1995年，A-BET董事会批准发布了EC2000。EC2000认证标准的发布大大提高了工程教育质量和学生能力，帮助学生更好地理解社会问题，更合理地看待全球性问题，更深入地理解种族和宗教问题，拥有更强的团队合作意识以及更自如地运用工程专业知识的能力。ABET是国际公认的最权威和最普遍的认证系统，也是《华盛顿协议》的6个发起工程组织之一。

ASIIN成立于1999年，2000年建立了认证标准和程序，并获得了德国认证委员会的认证，2003年建立了专家数据库，并获得了《华盛顿协议》筹备组织的资格。ASIIN认证标准包括提供课程的原因、课程内容、教学组织和要求、教师和材料保障、质量保障措施以及与教学相关的合作项目等。来自各行各业的德国人对工程教育以及劳动力市场如何认可他们有着期望和要求。对“产品”的这些要求是建立认证标准的基础。ASIIN认证标准包括七个部分：概述、专业内容、专业结构和实施、考试制度和组织、教育资源描述、质量管理和质量保证方法。

ECUK成立于1981年，是一个皇家许可机构，其职责是为工程师、技术人员建立和保持国际公认的专业能力和道德标准。英国共对4种高等工程教育项目进行认证：可注册为特许工程师的荣誉学士学位项目、综合型工程硕士学位项目、技术工程师项目和除综合型工程硕士之外的其他硕士学位项目。

CTI负责法国工程师的资格认可与评估，创立于1934年。CTI的核心任务是向各所颁发工程师文凭的学校派出督查员，监督学校的办学质量，确认其达到颁发工程师文凭的水平。CTI自2005年就成为欧洲高等教育质量保证组织（ENQA）的成员，因此其方法和标准符合欧洲标准，与欧洲工程师教育认证体系（EUR-ACE）的评估和认证结果是相互承认的。

美、德、英、法各国的工程教育认证都成立了权威的组织机构负责全面协调和管理认证工作。这些机构不仅负责认证标准和程序的制定，还代表各国工程界参与国际间的交流与合作。为了适应工程国际化的快速发展，达到国际标准，促进国际工程师交流，我国自20世纪90年代以来一直积极开展工程教育认证。中国工程教育专业认证首次在土木工程专业进行。1992年，教育部主持了6个土木工程专业的认证，包括建筑、城市规划、土木工程、建筑环境和设备工程、给排水工程和项目管理。2006年，《全国工程教育专业认证实施办法（试行）》出台，我国于2013年6月成为《华盛顿协议》的后备成员，2016年6月2日通过在国际工程联盟大会上全票通过转正申请成为该协议的第18个正式成员。参照《华盛顿协议》，我国制定了《工程教育认证标准》，按照“学生结果导向”的原则，明确规定了招生、学习、实践的检查和评估要求，采用以学生为主体、学生为中心的先进教育理念和方法，因材施教，以培养目标衡量和促进教育。我国从2005年开始开展工程教育认证，现有1.4万个工程教育专业布点数，占高等学校专业总布点数的1/3。

2.4 CDIO

CDIO，即构思（Conceive）、设计（Design）、实施（Implement）、运作（Operate），以现代工业产品从概念、研发到运行乃至报废的整个生命周期为载体，使学生能够以积极、实用和有机联系的方式学习工程，培养学生的基本工程知识、个人能力、团队能力和工程系统能力。CDIO于2005年从加拿大传入我国，自其发展以来，对我国高等工程教育产生了深远的影响。它改变了我国工程教育的思维模式，进一步提高了试点大学的人才培养质量，促进了工程教育的改革和研究，是促进新工科发展的一种有效途径。

CDIO是目前国际认可度较高的最先进的工程教育模式，最初来源于麻省理工学院。麻省理工学院从1861年建校以来经历过3个具有代表意义的工程教育变革时期。

在1861年到20世纪30年代，麻省理工学院进行了第一次工程教育变革，美国国会于1862年颁布的《莫雷尔法案》为这次改革提供了政策上的支持。在当时的历史背景下，工业进程加速发展，社会上迫切需要工科院校为其提供各类的工程技术人员及工程师以支撑迅速发展的工业。麻省理工学院秉承着建校时创办人罗杰斯主张的“有用的知识”的教育观，工程教育受到了实用主义的影响，改进了他们的工程教育，以培养能够参与经济建设的工程建设技术人才为目的，进行了向技术院校的转变。这一阶段的改革将工程人才的培养由经验范式转向了技术范式，最突出的特点是课程的应用性要强于学术性，课程以科学和技术为主，将实验室教学与实地考察相结合，强调工程的实践性与时效性，首创了多个专业课程，培养了大量的工程技术型人才。

第二次世界大战爆发后，麻省理工学院全力转向为国家安全和利益服务，从第二次世界大战到20世纪80年代期间，麻省理工学院进行了第二次工程教育的变革。在这段时间，麻省理工学院从联邦政府获得了大量的科研资金，在这样的刺激下，麻省理工学院工程教育的方向逐渐由技术转向了科学，工程教育理念开始由技术范式向科学范式转变。这次改革，麻省理工学院以科学为导向，对其工程教育的学科设置、课程结构和教学计划进行了大刀阔斧的改革，使麻省理工学院由工程技术型学院转为研究型大学、由民用工程形态转为军用工程形态、由本科生教育转为研究生教育。这次改革主张工程教育向强调基础科学知识的科学范式转变，目的是培养工程科学知识型的人才以满足国家政治发展及军事战略的需要，其结果是实现了工程教育由技术范式向科学范式的转变，呈现出学术性强于实践性的特点。

从 20 世纪 90 年代开始，麻省理工学院对其工程教育进行了第三次教学改革。这一阶段国家对麻省理工学院的经费投入进行了缩减；同时，随着全球化时代的到来与信息技术的飞速发展，麻省理工学院培养出的过于学术化的毕业生缺乏实践经验，无法解决工业产业中的实际问题，因此麻省理工学院将工程教育的重心投向了工业界。这一次变革的目标是培养具备工程实践能力的工程人才，以满足工业产业的需求。1993 年时任麻省理工学院校长的查尔斯・维斯特在《1992—1993 年麻省理工学院校长报告》中指出，麻省理工学院正逐渐从完全强调工程科学走向强调工业的根本。同年，工程学院院长乔尔・莫西斯提出了“大工程观”，并于次年启动了工程学院 1994—1998 年长期发展计划，标志着麻省理工学院第三次工程教育改革的开端。这次改革的主要举措包括：创新教育模式，注重学生综合能力的培养；整合教育经历，丰富学生的学习体验；拓展国际合作，追求学术卓越。正是这次改革中提出了 CDIO 的工程教育理念，由工程科学范式向工程实践范式转变。

CDIO 人才培养模式相较于传统人才培养模式有着更加鲜明的特点，CDIO 工程教育模式有一套系统的培养模式和方法，核心包括 1 个愿景、1 个大纲和 12 条标准。CDIO 为学生提供强调工程基础的、建立在真实世界的产品和系统的构思—设计—实现—运行（CDIO）过程的背景环境，提出具有可操作性的能力培养、全面实施以及检验测评的 12 条标准，对教学效果包括技术知识、个人能力和职业能力、人际交往能力等进行全面描述的教学大纲，以上组成了 CDIO 教育改革的“教什么”和“如何教”。为进一步深化“教与学”的实践改革，还要有效地把能力培养融合到学科知识中，把学习效果融入“一体化课程计划”，并形成双重学习经验的“设计—实现”项目的重要机制。此外，提出主动学习和经验学习的方法，促进学生对学科知识的深刻认识，并提高个人能力以及对产品、过程和系统的建造能力。最后，通过学生的整体学习效果，采用笔试、口试、表现自我评测等一系列方法对学生进行评估，并对“教与学”总体上进行改进。总之，CDIO 方法是经过证明和试验，能促进工程和科学教育的方法，其未来发展也可以应用到研究生教育和非工程教育等领域。

2005 年，CDIO 由汕头大学工学院执行校长顾佩华教授引入我国，国内开始学习研讨 CDIO 工程教育模式并加以实施。2006 年，汕头大学成为首个中国高校 CDIO 成员。CDIO 在我国十多年的发展呈现出以下态势：①本土化实践探索。基于本土特征和产业需求，陆续提出 OBE-CDIO 理念、CDIO-CMM 能力成熟度模型等，为我国高校培养大学生创新精神和实践能力、深化高等工程教育改革和国际化提供了工程教育本土模式。②专业性应用总结。通过借鉴 CDIO 的核心理念“实践导向”与“全过程性”，研究者对测控、计算机、网络工程、物联网工程甚至新型临床药学等专业人才培养模式进行了思考与探索，提出了基于 CDIO 工程能力要求和以项目驱动方式开展教学的人才培养方案，课程体系、工程能力培养过程和措施等教育改革的模式和方法，以立体化、多层次为思路，循序渐进地提升学生工程实践能力，形成了专业化的 CDIO 教学体系改革。

进入了 21 世纪的第二个十年后，由于人工智能、大数据等现代科技的不断发展以及在线学习等新的学习形式的不断涌现，麻省理工学院对工程教育进行了深度反思，以确定未来工程教育的发展方向。在这样的引导下，麻省理工学院在 2013 年初建立了特别工作组来负责麻省理工学院未来教育方向的研究。经过 18 个月的深入研究，工作组于 2014 年 8 月发布了《面向未来的麻省理工学院教育特别工作组全校调查报告》，提出了 4 个针对性建议：①通过创建教育创新行动计划为未来发展提供根基；②通过“大胆实验”改革教育理念与教育方式；③跨越校园边界扩大麻省理工学院的校园影响力；④通过创设新的途径以及创设新的空间来支持学生的学习。随后，麻省理工学院在已有的基础上开始了一系列具有试验性质的工程教育改革计划，先后更新升级并推出了一系列计划。2016 年 8—10 月，麻省理工学院形成了实施新一轮高等工程教育改革计划的设想，经过了调研产业需求等一系列的准备工作后于 2017 年 8 月启动了新工科改革的第一轮计划（2017—2020 年），即 NEET 计划。当前 NEET 计划设置了以生命机器（living machine）、自主机器（autonomous machine）为主题的两个项目集群。与我国当前新工科工程教育建设计划的初衷与发展不谋而合，麻省理工学院启动第一轮计划的时间比“复旦共识”“天大计划”与

“北京指南”还要晚，我国的工程教育发展已经站在国际舞台上，要与最先进的工程教育理念共同发展。

2.5　OBE-CDIO

OBE-CDIO（Outcomes-Based Education &Conceive-Design-Implement-Operate）是基于学习产出和工程教育为导向的可持续教育模式。OBE 理念又称为“学习产出导向教育”理念，最早出现于美国和澳大利亚的基础教育改革，是一种以成果导向为核心来组织、实施以及评价的教学模式，主要有定义学习产出、实现学习产出、评估学习产出和使用学习产出四个步骤，涵盖计划、实施、检查、行动各要素。

OBE 工程教育的核心理念是以学生获得预期学习成果为培养目标导向，反向设计工程教育培养方案；同时以学生为中心，实施工程教育教学；采用可量化的教育成效评价方式，持续开展工程教育质量改进。基于 OBE 的工程教育模式的三个特点，它实现了教育范式由“内容为本”向“学生为本”的根本转变并且有利于建立开放、透明、富有弹性和互认的教育结构。

在 OBE 模式的课程实践教学一体化分级能力培养过程中，不同实践教学形式下的实践内容彼此有机联系，难度依次递进，解决了传统课程实践教学模式中不同教学形式之间存在的分工不明、内容孤立或交叉重复等问题。此外，OBE 模式的课程实践教学也解决了传统课程实践教学模式中存在的仅仅训练学生基本操作与简单应用能力的局限，使课程实践教学还能培养学生综合利用专业知识解决复杂工程问题的能力，同时也培养学生解决技术问题的创新能力。

OBE 与 CDIO 均是驱动式教学模式，CDIO 是 OBE 的实施手段，用以解决 OBE 中非技术能力的培养。从本质上讲，是用以预期毕业生能力，驱动整个教育系统（课程计划、教学资源、教学方法、教学实践、评估体系等）。CDIO 是“以项目为驱动力”和“在做中学”的教育模式，能够提高人才培养模式改革的科学性、系统性和培养质量。在 OBE 模式的课程实践教学中，对学生的专业核心能力培养采用行之有效的工程教育教学方法。基于 CDIO 工程教育思想的“做中学”“练中学”等教学方法是国内外高等工程教育广泛认可的课程教学方法。这些教学方法的共同点就是以学生为中心，按照工程思想构建学生的知识与能力。因此，在OBE模式的课程实践教学中综合应用这些方法可有效培养学生不同层级的专业核心能力，同时也培养学生解决技术问题的创新能力。将OBE理念与CDIO工程教育模式结合，创建OBE-CDIO人才培养模式，该培养模式可根据学习产出的评估体系反馈以持续改进教学，实现人才培养的可持续发展。

2.6 COOP

COOP（Co-operation）项目是由学校、企业和学生三方共同参与的一种人才培养项目，其实质是一种强调以学生为中心、系统深入的工学结合的教学模式，既给学生提供一个能将学校中的理论知识和企业中的实践经验相结合的平台，同时能够解决高等教育人才培养与社会需求脱节的现状，是校企合作教育的重要部分，主要形式有订单式合作和顶岗式合作。

COOP教育模式是学生进入学校后在学校学习一段时间，完成学校的学习任务后，学生通过学校安排或推荐的企业面试正式进入企业。在工作期间，学生必须定期向学校汇报他们的工作。毕业后，学生可以获得学校和企业联合颁发的毕业证书。由于COOP项目的灵活性，使课程更加灵活，学生可以根据自己的情况选择合适的科目，进行学习安排，促进课堂教学的进步。COOP项目采用导师制，通过各种有经验的导师指导学生，帮助学生及时找到合适的位置，积累经验，在学习和工作中提高自己。当然，如果COOP没有制度保障，如政府立法、税收减免、政府资助、学校合作教育部门的建立以及全过程评估系统，合作是不可能顺利进行的。

COOP教育模式的发展不仅提高了人才培养质量与竞争力，还提升了高等教育和企业的社会声誉，促进了知识流通与成果转化，而且学生、高校和企业更是受益于此。

对学生而言，不仅有了验证与实践理论知识的机会，也获得了工作经验和一定的相关报酬，拓展了视野、人脉，提前接触社会，成熟了心智，还在创新思维方面有了提升，得到了一定的职场资源，使得学生在未来的就业竞争中夺得先机。

对企业而言，可以与政府、学校保持良好的关系，获得良好的社会声誉，也可以减少培训应届大学生的时间、成本等，可以较低的成本获得更加成熟而优秀的员工，储备更多优秀的后备人才。企业还能从政府获得更加便利的经营条件、项目支持和资金补助，促进企业的进一步发展和革新。

对高校而言，不仅能够实现学校知识水平的提升，而且培养出了与社会需求接轨的高素质学生，提高了学生竞争力和就业率，能吸引更多的优秀生源，提高办学效益与社会声望。

对政府而言，提高了本地就业率，社会经济水平得到了提升，科学技术文化整体水平达到更高水准。

COOP 源于实用主义哲学，在 1906 年由美国辛辛那提大学赫尔曼·施奈德提出，1957 年加拿大滑铁卢大学（拥有现今高等教育界最大最完善的 COOP 项目）引入 COOP 教育，后在欧美各大学院工程类专业中普遍使用，并在北美已经取得了优异的成果。

自 1989 年和加拿大开始 COOP 高等教育的国际交流以来，我国也开始发展 COOP 项目，比 CDIO 引入国内的时间早。1991 年 4 月，中国产学 COOP 教育协会在上海成立。1995 年 12 月，中国产学 COOP 教育协会更名为中国产学研 COOP 教育协会。1997 年 10 月 31 日，教育部批准在全国首批 22 所大学进行 COOP 教育研究试点。“十五”规划期间，教育部将 COOP 教育研究纳入“面向 21 世纪的中国教育教学改革研究”计划，并拨出专项研究经费支持北京大学、清华大学等知名大学开展 COOP 教育研究。2013 年，重庆大学率先推出 COOP 项目，进行机械工程和电气工程试点，并成立了 COOP 办公室。

第3章　工程管理融合创新工程教育范式研究

工程教育共经历了三次重要变革：第一次变革将工程人才的培养由经验范式转向了技术范式，第二次变革将工程人才的培养由技术范式转向了科学范式，第三次变革开始将工程人才的培养由科学范式转向工程实践范式。

自20世纪90年代起，我国的工程教育范式顺应时代发展潮流，开始提倡“回归工程”，这等同于国际上的工程实践范式，旨在培育能够服务工业的应用型人才。随着科学技术的突飞猛进和新的学习形式不断涌现，行业对工程人才提出了更高的要求，仅是“回归工程”是远远不够的，还必须能够创新技术，并对工程教育的工程实践范式进行新的探索。

“范式”（Paradigm）最初是由美国哲学家托马斯·库恩（Thomas S. Kuhn）在其1962年发表的代表作《科学革命的结构》中首次提出的。人们对于范式的理解有很多种，其中主要理解为“那些公认的科学成就，在一段时间内为实践共同体提供的典型的问题和答案”。根据维基网络百科全书的定义，范式可以大致理解为示例、框架、模式等。1982年，技术创新经济学家多西将这一概念引入技术创新中，提出了技术范式（Technology Paradigm）的概念，并将技术范式定义为解决选定技术和经济问题的模型，而这些解决问题的方法立足于自然科学的原则。根据范式的定义，工程教育范式可以理解为在“工程教育共同体”内，工程教育研究人员和工作者对工程教育相关领域内一些复杂问题和理论所持有的共同观点、理论或方法。

架构（土建类）工程管理专业的工科教育范式，围绕新工科提出的“五新”与“六问”展开思考（图3-1），考虑工程教育专家、从业人员、企业专家等各利益相关者的意见，共同制定专业发展理念与标准，共同协商专业教学内容等。目前科技发展日新月异，学生在高校学习的技术很快就不能适应工作岗位的需求，为解决现如今出现的新业态、新技术问题，仅仅培养出能够完成应用型工作的人才已经远远失去了高等教育的意义与价值，还必须依靠产业需求来改造与升级专业，面向未来培养学生终身学习的能力。

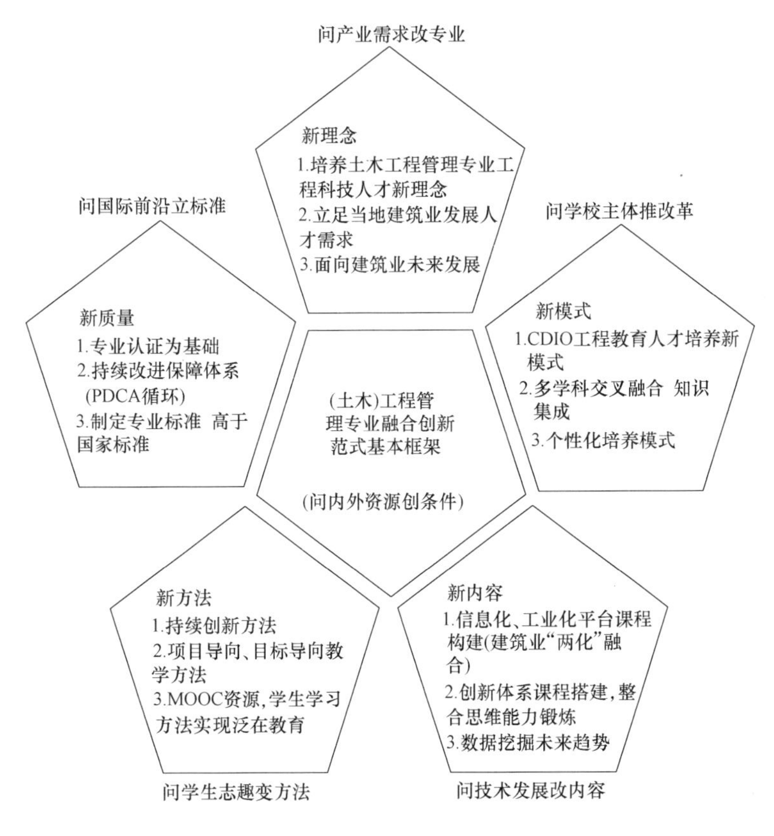

图3-1 （土建类）工程管理融合创新范式框架

2016年，重庆大学副校长李茂国等人提出了工程教育中的“融创新”的新范式。他们认为工程教育应当创造性地整合各种创新元素，使各个元素能够相互补充和支持，从而使整个系统形成独特的创新能力和核心竞争力。这种范式以“创新”为目标，最大限度地整合了所有影响工程教育的因素，从而使工程教育能够满足工程技术、工业形式和商业模式的基本要求，使工程师可以通过进一步研究快速掌握他们所遇问题的解决方案。该范式的实现需要一系列课程和一系列教学环节的有机集成，专业界限不需要非常明确，跨界融合才是发展王道，从而实质性推进复合型人才培养进程。“融合创新”范式比“工程范式”所要求的“回归工程实践”更为复杂与深化。

借鉴融合创新工程教育新范式，构建基于建筑信息化技术的适合（土建类）工程管理专业进行新工科升级改造的范式框架。该范式体现建筑信息化技术（本研究中的建筑信息化技术，主要是针对BIM技术）的协同创新性，融合数字信息化管理、招投标、几何学、空间关系、数据采集等多学科，学校主动搭建产业教育平台实现产学、校企、教研学等多方合作，最终形成开放式、全方位、利益相关各方参与的协同互动、可持续、全面的“（土建类）工程管理融合创新”工程教育的新范式基本框架，主要从新工科建设中的“五新”来构建（图 3-1）。

3.1 新 理 念

理念是新工科改造升级的思想纲领，理念的创新是重点。工程管理专业人才培养必须以大工程观的理念为指导，用新的人才培养理念、融合 BIM 技术的理念、支撑与引领建筑业行业发展的理念来构建工程管理人才培养机制，培养面对大工程具备工程知识能力、工程管理能力、伦理道德能力、社会协调能力以及终身学习能力的工程管理专业人才，使他们能真正在工程建设行业承担重要角色。

（1）人才培养理念的转变。原有人才培养理念是“回归工程”，培养的是能够完成设计、预算、施工等具体的应用型工程技术人才。科技发展迅速，建筑业需要的人才已经表现为跨学科、综合化的发展趋势，但目前的传统工程技术人才知识面狭窄、实践能力不足、创新意识不强，培养出的人渐渐落后于产业发展的实际要求。融合创新的工程教育范式理念，力求培养出具有科学知识、工程技术、实践经验和创新能力的工程科技人才，在生产实践中能将知识转化为生产力，运用跨学科、多学科知识解决出现的复杂工程问题，所培养的人才真正成为具备专业知识和专业技能并且具备工程职业领导能力和创新能力的拔尖人才。

（2）融合 BIM 技术的理念。BIM 技术的实现是通过以工程项目各项信息数据为基础来仿真模拟数字信息，全面表达建筑物的特征。运用 BIM 的理念，对整个工程项目全寿命周期内过程、信息与资源进行数据集成，并为建设单位、设计单位、施工单位、监理单位等项目参与方提供统一平台，共享项目的建筑信息模型，有助于项目参与方协同合作、储备、使用资料，高效完成任务。将原来的仅线下工作，转变成线上和线下工作相结合。提升工作人员和施工机具的工作效率，实现建筑业的精细化、信息化管理。

（3）服务、满足、支撑、引领建筑业行业发展的理念。学校牵头建立建筑业产业联盟，立足当地建筑行业及学生主要就业单位的技术需求，面向未来、面向国际，建设符合产业需要、能够持续改进的工程教育体系。目前我国建筑业正在向现代工业化转型升级，极缺掌握建筑信息化技术的人才，工程管理人才培养要为产业服务，满足产业发展的需求，支撑产业创新驱动发展。建筑信息化与“智能建造”相融合，是未来产业发展的重要方向，主动应对新一轮科技革命与产业变革，加快培养面向新兴产业发展需要的高科技人才，引领建筑行业未来的发展。

3.2　新　模　式

模式是新工科改造升级的方法论，它的内在含义在于将解决某类问题的方法总结归纳到理论高度。模式对于专业发展有着指导意义，具体到工程管理专业，对于新工科的改造升级亦是如此。要想完成新工科的改造升级必须有正确的模式，这样才会使新工科的改造升级工作顺利进行，才能圆满地完成对新工科的改造升级。

（1）借鉴符合建筑业人才培养的OBE-CDIO工程教育模式。思考CDIO提出的两个主要问题：①建筑业在BIM技术环境中，（土建类）工程管理的工程科技人才需要哪些知识、能力与技能、工作态度等，这是思考新工科的内容；②作为人才培养的主体，学校应该如何传授这些知识、能力与技能、工作态度等，这是思考新工科的方法。

本书在第二章对OBE-CDIO进行了详细的介绍，是目前国际上已经形成的比较系统、全面的工程教育方法。以学生的预期学习效果为目的，通过构建构思—设计—实施—运行四个主要阶段作为产品、过程和系统的生命周期模型，创造能够深化学习技术基础和实际能力的二元学习经验。CDIO采用一体化课程计划和确定学习效果的现代教学方法，设计实验、工程实践、主动学习和经验学习的创新教学方法，激发学生个人能力、态度、实践和人际交往能力以及产品、过程和系统的建造能力，并对学生学习效果进行评估和反馈。CDIO是一套符合教育学和心理学规律的教育质量保障体系，它在培养目标、培养措施、培养方法和培养结果等任一环节的形成都是经过反复思考和科学设计的，培养环节可以监控是否符合预期设计，整体改革的成效也是可以衡量并持续改善的。由此可见，对人才成长的整个环节进行设计、监测和改进是CDIO针对提高人才培养质量的一个有效方法。此外，CDIO模式所蕴含的针对教育改革的科学态度和科学方法，是它能够为人接受并能推广的深层次原因，这对于工程管理专业升级改革具有良好的借鉴和指导意义。

（2）知识集成课程模式。建筑业新技术的发展使得知识几何倍数的增长，有些新技术甚至没有在教学中体现，目前的课程体系远远不能承载新知识的容量。互联网时代的教育，使得学生更容易获取新知识、新技术，仅仅借助教材与课堂来传授知识，不能满足学生的学习胃口。因此迫切需要对课程模式进行改革，采用集成化的课程模式，整合若干相关联的学科知识，使之成为一门更广泛、容量更大的课程。集成化的课程模式，也符合目前高校减少学生课堂授课课时的要求，减少专业课程的门数，以项目、结果导向将建筑业新技术、专业知识与跨专业、跨学科的知识集成课程，打破学科边际，在结果导向中需要哪些知识就讲授哪些知识，使得知识学习更有针对性与导向性。课程的学习任务按照工程中的任务进行设计，提供大工程的整体观念，让学生学会将不同的知识进行相互关联，学会举一反三。集成化的课程可通过几个教师协作来完成一个教学任务，学生可同时接受原来几门课的课程知识，构建课程之间的联系，甚至跨越学科之间的联系。

（3）个性化学习模式。当今，90后与00后已成为大学校园的主体，学生追求个性化是鲜明的特征，这给传统的教学模式带来了巨大冲击，同时也很难满足当今社会对（土建类）工程管理专业人才培养的要求。为了提高学生的专业能力与创新意识，实现培养创新型、应用型人才的目标，在大土木的背景下，根据（土建类）工程管理专业的职业需求，可以设置招投标、造价控制、项目管理、工程合同管理、装配式建筑、智能建造、工程商务等课程模块，根据学生的兴趣与职业需求个性化地选择课程，自由制订学习菜单，因材施教，有助于提高学生的学习效率，满足学生学习个性化的需求。

3.3 新 内 容

内容是新工科改造升级所包含的具体内在要素。有了新理念和新模式，若课程内容得不到及时更新，学生学到的知识陈旧，缺乏现代工业需要的工程能力和技能，这样的教育无法满足现代企业对工程技术人才的要求，因此不断更新教师教学和学生学习内容至关重要。为了在制度上保障学生学习内容的先进性，学校设置建筑信息化平台课程，定期更新课程内容。此外，为适应互联网技术、大数据、人工智能、云计算等新技术的发展，高校开设创新体系课程和开放性未来课程，启发学生进行数据挖掘。

（1）建筑信息化平台课程。教学与学习内容要体现建筑业科技发展的新成果与新知识，因此在原有工程技术、管理、经济、法律四大平台课程基础上，再加入建筑信息化平台课程，不仅能够保留原有知识体系，还可以扩充更多的知识。目前，BIM技术课程在土建类高校都有所涉及，但大多都不成系统，不够全面。在构建平台课程之后，会对建筑信息化课程进行更加精细与系统的设计。实现新的工程科技人才的知识体系、能力水平、技能与工具使用、工作态度与职业素质等多方面的提升。

（2）创新课程体系。在“双创”背景下，加强学生创新精神和创新意识的培养是一个非常好的契机。面对复杂的现代工程系统，工程师不可避免地会涉及政治、经济、文化等因素。高等工程教育应当充分考虑课程中学科的交叉和整合，为学生提供全面的知识背景，帮助解决复杂的工程问题。此外，将工程伦理、工程社会学、工程哲学等课程纳入工程教育课程体系，加强学生人文素质教育，有效培养现代工程技术人员的组织管理能力、语言表达能力和协调能力。创新教育也形成了一套较为完备的知识体系，创新课程是对通用知识、专业知识与技能进行整合运用的方法论，是一种工科创新思维方式的训练，培养工程科技人才的思维训练尤为重要。

（3）开放性未来课程。对于未来发展趋势的预测中，几乎所有人都一致认可大数据与智能化是未来的方向，这已经成为各行各业不可或缺的核心竞争力。而建筑业作为国内传统型基础行业，对国计民生有着重要而广泛的影响，信息化的发展势必让建筑业本身产生海量的数据集成。开设大数据处理的课程，启发学生进行数据挖掘、整合和分析，可以利用建筑大数据为工程项目的建造、维护、运营等各方面提供附加服务，也是对于信息化技术的衍生发展，更能实现真正意义上的科技创新，更好地服务人们的生活。

3.4 新 方 法

方法是实现新工科改造升级的手段与行为，是新工科改造升级中重要的一环，也是新工科改造升级的具体实施步骤。只有把方法与理念、模式相结合才能更好地对新工科完成改造，以培养出符合当前社会需要的工程管理专业的人才，确保培养出的学生不落后于社会的发展。在科技迅速发展的大背景下，经过充分的探索得出了创新方法训练、泛在学习、教学方法多样三种方法，这三种方法相互结合，相辅相成，才能使工程科技人才具备持续创新的科学素养。

（1）创新方法训练。目前我国大学教育模式所培养出的高等教育人才相对落后于我国社会所需的高等教育人才，大学生的创新能力变得日益重要，高校的创新教育也因此变得比以往重要，基于此，在"大学生创新创业方法训练体系构建与应用示范"课题中我国引进的 TRIZ 理论①就成为我国大学生创新创业能力培养的最有效方法，同时也适合我国目前社会需要培养的大学生的创新创业能力。

在"双创"背景下，强调人才培养创新的观念，建议把创新理论 TRIZ 方法课作为必修课。让学生掌握通用创新思维、创新方法，会使用通用与专用相结合的创新工具，从创意、差异化产品、技术、商业模式到产品迭代实现创新的全过程思维，为创造性地发现问题和解决问题提供系统的理论和方法工具，培养工程科技人才具备持续创新科学素养。结合 TRIZ 创新理论与我国发展及社会需要，形成具有中国特色的教育模式以及创新创业能力培养模式，使创新创业能力成为大学生普遍拥有的一种学习能力与素质。

（2）泛在学习方法。处在互联网技术突飞猛进的大潮中，学生学习知识的方法正在发生变化，只要有移动终端，泛在学习便成为可能，学生可以随时随地获得海量知识。泛在学习要实现 5A（Anyone，Anytime，Anywhere，Anydevice，Anything），要想实现一个方便快捷经济的 5A，当下最好的方法是基于网络移动终端的泛在学习模式。构建这种模式有两个方面：①网络课程的构建，网

① TRIZ 理论：TRIZ 的俄文拼写为 теории решения изобрет-ательских задач，俄语缩写"ТРИЗ"，翻译为"发明问题的解决理论"，按 ISO/R9-1968E 规定，转换成拉丁文 Teoriya Resheniya Izobreatatelskikh Zadatch，缩写为 TRIZ。其英文全称是 Theory of the Solution of Inventive Problems，缩写为 TSIP。

络课堂核心是做到知识的多媒体化，通过各种手段如教学辅助软件、教学设计软件使网站上的内容能够更好的呈现在学生面前；②对在线课堂的构建，在线课堂首先要保障知识体系结构和知识点的完整性，其次要体现不同角度的知识讲解以适合不同特征的学生，再次需要按层次按能力组织不同深度不同难度的内容，最后根据学生的发展特点和继续学习的要求来开展以后的学习；三是交互讨论，交互讨论是必不可少的环节，教与学在网络上很容易实现，但缺乏互动性交流性，在网络课堂上插入交互讨论或者在课后设立答题讨论区，可以使学生及时发现问题，知识掌握得更加牢固扎实。

（3）教学方法多样化。学生学习方法的转变，迫使教师教学方法发生改变，教师要教会学生如何从网络中甄别有用的知识，利用碎片化的时间进行高效的学习，借助搭建的产业联盟，通过基于项目的、问题的，探究式的、体验式的等各种教学方法教会学生能将知识进行整合、集成与应用。例如，区别于传统的以课堂为中心、以教材为中心、以老师为中心的教学模式，基于项目的探究式教学则是以学生为中心，强调合作学习，把课堂教学与实践教学紧密结合，强调理论教学与创新教学并重，强化工程实践能力。在学生学习过程中，老师只是帮助者和促进者，学生要自主学习和创新，投入到问题的解决中，主动搭建知识体系，培养学生主动学习、独立分析解决问题和终身学习的能力。同时，教师也应与时俱进，跟进时代的步伐，充分利用信息时代的便利性，大胆尝试，积极创新教育教学方式，利用互联网、多媒体等现代化教学方法使教学更加生动活泼，直观易懂。此外，应完善教师自我评价体系，不断改善教学方式方法，提升自我，确保教学质量。

3.5　新　质　量

质量是实现新工科改造升级的重要保障。加强高校工程管理专业质量认证和质量保障体系建设，提高工程管理专业教育教学质量，使毕业生符合参加专业国家注册执业资格考试的教育标准要求，并与专业的国际教育标准相衔接，是提高工程管理专业办学水平和人才培养质量的重要举措，将大大促进工程管理专业国际交流与合作，促进工程管理专业教育的发展。

（1）质量标准。专业工程认证是国际等效、国内教育与行业认可的工程教育标准，旨在为工程类人才进入工程界从业提供可靠的教育质量保证。作为国际通行的工程教育质量保证，工程教育认证已成为工程管理专业质量认证的重要指标。首先，参照《华盛顿协议》，我国制定了《工程教育认证标准》，按照“学生结果导向”原则，明确规定了工程管理类专业招生、学习、实践考核的检查和评估要求。其次，高等学校工程管理类专业评估认证文件的颁发，加强了国家和行业主管部门对高等学校工程管理类专业教育的宏观指导和管理，有助于提高工程管理专业教育质量。与信息化技术融合后的工程管理专业质量标准，在满足工程教育认证和工程管理类专业评估认证的相关规定的基础上还要有所超越，以体现新工科研究和实践的高标准、高质量。

（2）质量保障体系。确定专业综合培养目标，分解和确定培养标准、课程计划和培养体系，并定期采用制定的专业培养标准和体系，对照结果进行自我质量控制、质量检查。参照质量保障体系要求规范教育教学活动，完善培养过程质量监控系统，通过与标准系统比对，对教育过程进行监控与反馈，确保高校教师及教学服务人员自觉遵守质量保障体系要求，实现教学目标。最终在总结经验与征询利益相关者意见的基础上，在工程教育认证过程中，及时发现问题并提出可行性改进措施，持续跟踪改进过程并善于总结，进行下一步的改进，形成“评价—改进—再评价”的闭环管理体系。标准要求专业应该具有各种措施与机制，落实到实行、评价与改进上，在整个过程中始终贯穿了持续改进的理念。

“（土建类）工程管理专业融合创新”工程教育范式，是对“五新”与“六问”的具体化，也对工程管理专业的改革提供了升级改造的框架。融合创新模式中，学校是新工科推动专业升级的主体力量，积极搭建产业联盟的平台，对接建筑业产业和企业等外部资源，调动教师和学生的内部资源，对提升工科专业的办学水平起到了至关重要的作用。

第 4 章　工程管理综合培养目标体系

融合创新工程教育范式只是提供工程管理专业改革的基本框架与思路，要真正使得专业改革落地，需要的是一项系统工程，合理设计人才培养的各个环节和要素。从培养目标的科学定位、培养内容的合理设计、培养条件的设置、培养管理协调优化，以及人才培养评价机制的建立等方面全方位地构建工程管理专业人才培养体系，从而促使工程管理专业达到培养高素质管理人才的目的。在具体实施过程中，需要借鉴较为成熟的工程教育模式来实现。OBE-CDIO 工程教育模式基于结果导向，以学生预期的学习成果为目标，以产品研发到产品运行的生命周期为载体，让学生以主动的、实践的态度，以课程之间有机联系的方式学习工程，提高学生的工程实践能力、工程设计能力与工程创新能力，培养学生的工程意识、工程系统素养，这与建筑信息化新技术革命出现催生的（土木）工程管理专业新工科教育改革的新理念完全吻合。因此，运用 OBE-CDIO 工程教育模式可以实现（土木）工程管理专业融合创新的新工科范式。

运用 OBE-CDIO 工程教育模式，为建筑信息化技术背景下的工程管理专业的教学创建真实的工程环境、建造过程与工程系统全周期环境，同时设计形成一条操作性强的可供传统工科升级改造新工科的路径。为实现该目的，我们需要重新思考（土木）工程管理专业综合培养目标体系，升级改造后的（土木）工程管理专业综合培养目标体系包括专业培养目标、毕业要求与专业培养特色。

4.1　调研过程及结果

组织专业教师积极开展基于建筑信息化的工程管理专业升级工作，专业牵头成立地方行业联盟，联合几家大的 BIM 软件公司，学校搭建合作平台，定期组织召开企业与学校的联席会，商讨遇到的技术问题、人才培养和人才需求问题。教师团队认真对照专业认证标准与建筑行业标准，调研主要用人单位、毕业校友（可以分为毕业3年、5年、10年不同类别）等利益相关各方对人才培养的看法及毕业生能力的要求。基于此类情况，我们做了以下的调研工作。

4.1.1 访谈调研

将和BIM技术关系密切的群体分为四类：高校教师、毕业校友、建筑从业人员、软件开发公司。对四个群体分别进行访谈（访谈问卷见附录1），得出初步的结论。

（1）BIM技术应用方面。大多数的从业人员坚定地认为BIM技术是未来的发展方向，将是建筑业的核心技术；从业人员也在改变以往传统的工作方式，开始尝试接触BIM技术，但BIM技术在企业还不是十分普及；有少部分企业在公司部门中设置了与BIM技术相关的部门，大部分企业都从高校中邀请从事BIM研究的人员对员工进行培训。

（2）BIM技术推广方面。软件公司主要通过组织BIM技术的各种大学生创新大赛，吸引高校教师与学生参加，起到推广软件的目的，他们认为BIM软件的使用，能够提高学生的绘图、空间想象能力以及组织协调能力。

（3）BIM教学方面。很多高校老师是通过带学生参加BIM的专业比赛来促进学生对BIM技术的学习；学好BIM的相关技术，必须要先学好CAD、建筑结构、工程造价等专业基础课；非常有必要在本科阶段开设BIM算量、BIM计价、BIM建模等课程，提高学生的软件操作能力。

（4）人才培养方面。企业对于德、智、体、美各方面综合发展、有社会责任感的学生更为青睐，尤其是在本专业的基础上，还掌握法律、信息技术的技术人才。

（5）培养计划及课程体系方面。仍然从事本专业工程管理工作的校友认为当时在校学习的时候，开设的专业课太过单一，可以增设项目管理、房地产开发与管理等多个方向的专业课，在大学的课程中学习造价师、监理工程师、建造师等执业资格考试的内容，这对以后的工作大有裨益。

4.1.2 问卷调研

根据不同的工作和学习背景，为这四类人群设计不同内容的调查问卷（详见附录2～附录5)，在问卷星上通过网络作答的形式进行调查，通过调查数据来反映他们对于BIM技术的了解程度，以及了解不同群体所关心的问题。选择国内工程管理专业的对标学校（同济大学、华中科技大学、西安建筑科技大学等高校）进行问卷投放，并向广联达、鲁班、斯维尔等软件公司和一些建筑企业征集相关意见。

1. 高校教师调研

通过对高校教师调查问卷结果的分析，总结了以下建议。

关于BIM技术的建议。①100%的高校通过不同的形式开设过BIM课程，如讲座、课程设计、课外学习等，但开设BIM的有关课程较少且不成系统，前后学习的知识无法建立联系，建议改革教学方案，科学设置大学四年的BIM课程，将BIM的学习过程深化为一个完整的体系。②90%的高校教师赞同建筑信息化发展是未来发展的方向，但鉴于现阶段BIM刚刚兴起，在高校还未完全普及的现状，有超过一半的教师认为比赛是一种促进学生学习BIM软件的好方法，能在短时间内提高学生们学习软件的热情和效率。③很多高校教师建议，工程管理专业可增设BIM信息管理方向。

关于人才培养目标的建议。①在“双创”背景条件下，87%的教师认为学生的创新能力显得尤为重要，培养学生的创新能力应加入到课程体系中，以课程的方式逐步提升学生的创新能力；②81%的教师认为，现在的学生个性较为突出，有主见、较独立，因此在进行课程设置时也要考虑学生的个性化需求，可以在课堂上增加学生展示自己成果的机会，课后多布置开放性的作业，使得学生的个性得到充分的发挥。

关于实践课程设置的建议。85%的教师认为实践课程体系不足以提高学生的实践能力。他们应该通过各种渠道拓宽学生参与工程实践的机会，并给予他们完成实践课程的充分灵活性。例如，可以考虑安排寒暑假的时间进行实习，让学生根据任务和教学大纲进行实习，并撰写实习报告，这样可以有效地增加学生的实习时间和体验。同时，教师根据学生的实践结果，在下次制订实践教学大纲时，可以有针对性地制订实践计划和目标，从而逐步提高学生的实践能力。

2. 软件公司调研

通过对软件公司调查问卷结果的分析，总结了以下建议。

关于BIM技术的应用建议。①对于BIM技术的推广，软件公司功不可没。95%的软件公司认为BIM技术的应用越来越广泛，行业需求越来越大，高校作为BIM技术应用型人才培养的主要承担者，其BIM技术人才的培养远远不能满足行业发展的需要；软件公司作为技术发展与人才培养的中坚力量，表现出积极的态度，99%的软件公司愿意通过多种方式全力推动BIM技术的发展和普及，配合高校培养更多优秀的BIM技术人才。②93%的软件公司调研人员都在高校进行过不定期的教学与讲座，或者通过网络对高校的BIM学习进行过辅导，他们为高校购买BIM软件提供优惠，并且愿意给学生提供实习岗位；85%的软件公司为全国众多高校提供了以“双师型”为导向的系统化师资培训方案，搭建BIM师资培养交流平台，提升教学师资团队的教学能力和专业素养；73%的软件公司，创建BIM创新实践平台、实训中心、组织BIM技术创新大赛、提供大赛相关的知识培训等，注重校企的合作，吸引各地高校积极参与软件的学习和发展，共同进行人才培养。

关于BIM技术培养能力的建议。89%的软件公司认为BIM技术人才需要具备专业能力、实践能力、沟通协调能力、职业竞争能力等多方面的能力。认为教学中运用BIM技术，模拟项目的设计、施工、运营等整个过程，学生可以多维度了解，真正面对工程项目中的实际问题，并与其他人共同解决专业难题，增进学生对专业知识的理解和掌握，提升专业、实践合作、空间想象、职业竞争能力。认为通过BIM的学习，学生能够更好地理解不同阶段的相互影响，不同作业需要的信息类型，不同人员之间的信息如何有效传递、共享，工程人员的团队合作对项目绩效的影响等，增强沟通协调、团结合作能力。

关于BIM课程设置的建议。97%的软件公司认为建筑行业急需BIM人才，缺口大，薪资高，BIM的广泛运用也是未来的趋势，因此BIM人才培养的必要性和紧迫性大家是有共识的。软件公司对于BIM技术如何融入课程提供了很多建设性的意见，把BIM技术进行细化分解，融入专业课程设置中，把BIM知识及模块嵌入课堂教学，技能模块纳入实训课程、课程设计、毕业论文等教学环节，实现多元化教学。87%的人认为，不能只强调BIM的重要性，还需要注重基础理论和专业知识的学习，打好基础，提高专业实践能力，同时也需要提高学生的人际交往能力和社会适应能力，这些将在后面进行详细叙述。

3. 建筑从业人员调研

通过对建筑从业人员调查问卷结果的分析，总结了以下建议。

关于促进建筑信息化技术发展的建议。①在信息化时代的大背景下，建筑信息化技术在建筑行业的作用越来越大，从建筑信息化技术的发展方面来看，89%的人认为建筑信息化技术在未来建筑行业中会占据核心地位，但是需要漫长的实践。②73%的人认为目前的 BIM 技术并不成熟，有些功能实践起来难度比较大，用软件主要是进行翻模，很难实现建筑信息化提出的协同工作的目标，软件的整体性能还需要加强，企业使用 BIM 软件大多是被动为之，而不是主动应用。③95%的人认为建筑企业 BIM 人才奇缺，目前从事 BIM 技术的，大多是刚毕业的学生，基本上也是刚接触，很多问题都是自己进行摸索，缺乏实践经验，只能进行简单的翻模，深层次的技术问题很难解决，高校有义务有责任进行 BIM 人才的培养，为社会输出高质量的建筑信息化人才。

关于人才培养的建议。87%的人认为仅仅能够完成特定工作的技术人员已经不能满足企业的需求，工程管理专业迫切需要大量懂管理、懂技术、有良好沟通表达能力的工程管理专业人才，需要学校加强对学生各方面综合能力的培养，从大学生的创新能力、综合素质、专业知识、社会实践能力和表达能力多方面入手，通过比赛、实习等多种形式培养学生综合能力，培养出有社会责任、有创新精神、有专门知识、有实践能力和有健康身心的高素质人才。

关于校企合作的建议。72%的企业认为刚毕业学生的实践能力较差，基本不能胜任重要的工作，需要企业进行培训与 2～3 年的锻炼才能委以重任，因此，高校应加强学生实践能力的培养。91%的企业愿意给在校学生提供校企合作实习岗位，并很乐意能够与学校一同促进建筑行业人才的培养，但部分企业表示学生实习期间的安全问题得不到良好的保障，希望能够进一步保障学生的安全问题。但同时也表示，学生在单位实习基本上都是走马观花，深入不进去，收获甚微。

4. 毕业校友调研

毕业校友的意见对于工程管理专业学生的培养有着非常重要的价值。通过对毕业校友调查问卷结果的分析，总结了以下建议。87%的毕业校友对工程管理专业学生的培养计划认可，但就人才培养提出了更深化的意见，认为学校应培养遵守职业规范、拥有良好的职业道德和高责任心、具有国际视野和创新能力的工程科技人才。同时，86%的校友认为，毕业学校在人才培养的专业方面设置得过于窄，应该拓宽专业方向，可增加项目管理、房地产经营与管理、BIM技术管理等方向。

关于实践能力培养的建议。91%的校友对学校的实践教学体系不满意，认为在校期间的实践和实习环节较缺乏，且实践课程学习不够深入，常浮于表面，浅尝辄止，对于理论课程学习的促进作用非常小，亟须改进实践教学内容与体系，建议能够结合课程学习的理论知识设计实践项目，给予充足的时间来完成实践教学，而不是每次都集中一段时间，匆忙完成参观。85%的校友认为，校企合作是非常好的合作方式，愿同母校开展深层次的合作，为工程管理专业学生搭建良好的学习平台。如果有机会学生应尽量早地参与到企业的实际项目中，所在企业可以为其提供顶岗实习的机会。

关于课程设置的建议。75%的校友认为执业资格考试已成为个人专业素养的有力证明，从事本专业的毕业生在毕业几年内多会考取注册造价师、一级建造师、二级建造师、房地产估价师、注册监理师等执业资格，大学的专业知识非常重要。校友建议工程管理专业应设置完整的执业资格考试训练课程，注重工程经济、法律法规等课程的学习，在课程学习中渗透执业资格考试的有关内容，也可在平时的习题课中增添执业资格考试中的题目，让学生主动思考，积极回答，为走上工作岗位后的执业资格考试打好基础。

4.2 培养目标

四个群体的调研在人才培养方面达成了以下四个方面的共识。①对于工程管理专业发展的前瞻性，社会的不断发展要求工程管理专业也要不断地向前发展，以适应社会的需求，做到科学与实践更好地结合，从而不落后于社会的发展。②对工程管理专业的研究方向需要进行拓展，不应只局限于工程造价管理、项目管理、房地产开发与管理等方向，对以后职业可能涉及的建筑信息化管理、全过程咨询等也需要进行学习和研究。③建筑信息化的BIM技术要能够体现在培养目标当中。在信息化技术飞速发展的冲击下，BIM技术要全面渗透在整个工程管理专业高等教育中，培养出的学生才能够更好地满足产业的发展需要。对于BIM技术的要求必须体现在培养目标当中。④国家执业资格考试要体现在培养目标里，学生毕业几年后能考取本专业的执业资格证书，对于学生的职业发展与规划都是助推力。最后经过广泛征求国内外专家、校友及企业的意见，经专业委员会审核通过，确定综合培养目标体系。专业培养目标定位是对该专业学生在毕业后5年左右能够达到的职业和专业成就的总体描述。

专业培养目标：本专业培养适应社会主义现代化建设的需要，德智体美全面发展，具有社会责任感，掌握土木工程技术与工程管理相关的信息技术基础知识，具有较高的专业综合素质和较强的实践能力，具有职业道德、创新精神和国际视野，具有较强的专业综合素质和能力，健康的人格素质和良好的社会适应性。

毕业后，由国内外土木工程领域和其他工程领域的项目管理方向培养的高素质复合型人才，可以在建设单位、施工企业和其他相关部门从事工程管理、建设项目咨询、施工管理等工作，可从事工程管理和相关专业管理的全过程工作。工程造价方向培养的国内外土木工程领域以及其他工程领域从事工程全过程和全面工程造价工作的高素质、复合型人才，毕业后可在造价咨询机构、建设单位、建筑施工企业等有关部门从事工程造价、项目咨询等工作。

4.3 毕业要求

培养具有较高专业综合素质与较强实践能力的工程管理人才，学生毕业时应达到按照工程教育认证的工程知识、问题分析、设计/开发解决方案、研究、使用现代工具等12条毕业要求。培养体现对新的信息技术的需求及对团队管理、沟通能力要求的工程管理专业特色。工程教育认证标准的毕业要求如图4-1所示。工程管理专业的毕业要求在此基础上进行分解。

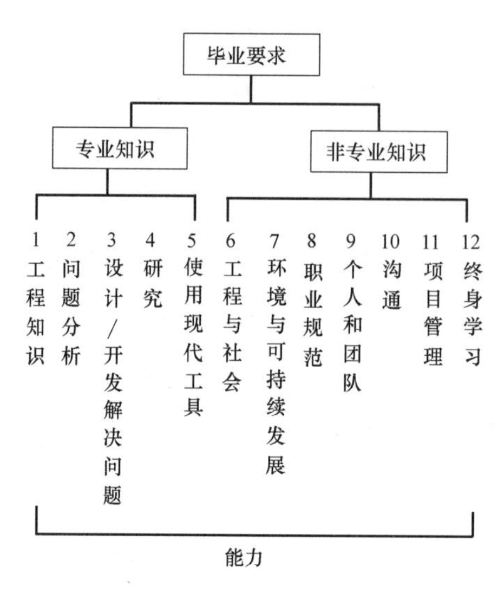

图 4-1　毕业要求

1. 工程知识

要求：能够运用数学、自然科学、工程基础和专业知识，将复杂工程问题用专业的语言加以描述，能够推演复杂工程问题的数学或建筑力学模型并对其进行正确分析，综合解决复杂工程问题。

分解为：①掌握土木工程技术方面所需要的科学知识，能将复杂工程问题用科学和专业的语言加以描述；②能够运用工程技术的科学知识进行复杂工程问题数学或力学模型的建立；③能够严谨推理复杂工程问题对应的数学或力学模型的正确性，并能正确分析、求解模型；④掌握分析复杂工程问题的原理、工具和方法，具备解构复杂工程问题并进行系统分析的能力；⑤系统性地掌握土木工程技术方面的科学知识体系，能够对复杂工程问题进行通盘考虑和综合分析。

2. 问题分析

要求：能够应用数学、自然科学和工程科学的基本原理对复杂工程问题进行识别，并运用图纸、图表和文字等准确表述；能够综合运用文献、规范、标准或图集等进行技术分析并获得有效的结论。

分解为：①能够运用工程管理科学知识的基本原理对复杂工程问题进行正

确识别；②能够运用图纸、图表和文字等准确有效地表达土木工程设计、施工和管理方案、造价控制方案、前期策划、BIM 5D 信息化管理控制等问题；③能够运用文献、规范、标准或图集等对工程技术问题进行分析并获得解决问题的方案和方法。

3. 设计、开发解决方案

要求：能够运用工程设计语言完整表述土木工程设计、施工方案，能够运用工程管理专业语言策划招投标、可行性研究、项目管理方案，能够设计满足特定需求的构件（节点）、结构，能够撰写土木工程投资控制、造价控制的方案；能够考虑社会、健康、安全、法律、文化及环境等因素提出复杂工程在可行性研究阶段解决问题的方案，并具有创新意识。

分解为：①能够运用传统方法、计算机辅助设计、信息化等一系列工程设计语言完整表述土木工程设计、施工和管理方案；②掌握功能单体的受力特点和设计方法，合理制定功能单体的设计、施工和管理方案；③能够根据土木工程特定需求合理制定工程结构的设计、施工和管理方案；④能够理解和评价投资方案对社会、健康、安全、法律、文化及环境等的影响，并能够充分利用上述因素对工程方案进行比较和优化。

4. 研究

要求：能够基于科学原理对复杂工程问题提出有效、可行的实验（测试）方案，能够科学设计实验（测试）方法，安全开展实验（测试），能够正确收集、处理、分析与解释实验（测试）数据，通过信息综合获得合理有效的结论并应用于工程实践。

分解为：①能够基于专业理论针对工程情况提出有效、可行的实验（测试）方案；②能够了解实验（测试）程序，正确选用和操作实验装置或测试设备，安全开展实验（测试）；③能够正确收集、处理、分析与解释实验（测试）数据，通过信息整合获得合理有效的结论并应用于工程实践。

5. 使用现代工具

要求：能够合理选择与使用恰当的技术、资源、现代工程工具和信息技术工具，正确预测与模拟仿真复杂工程问题，能够结合专业知识理解现代工程工具的局限性。

分解为：①能够合理选择与使用制图、测试与检测、BIM 等技术以及计算机、程序设计语言、纸质与电子文献等工具和资源，正确预测与模拟复杂工程问题；②能够结合专业知识理解现代工程工具的局限性，判断与解决可能产生的问题。

6. 工程与社会

要求：能够考虑社会、健康、安全、法律及文化等工程伦理因素评价土木工程项目的设计、施工、运行方案和复杂工程问题的解决方案；了解新材料、新工艺、新方法以及所带来的社会影响，理解土木工程师应承担的责任。

分解为：①能够考虑社会、健康、安全、法律及文化等工程伦理因素评价工程项目的设计、施工和运行方案以及复杂工程问题解决方案的可行性；②了解建筑行业的新材料、新工艺、新方法以及所带来的经济效果与社会影响；③能够通过工程实习与社会实践理解造价工程师与建造师应承担的责任。

7. 环境和可持续发展

要求：能够了解相关行业的政策法规，正确理解和评价土木工程设计、施工和管理方案等工程实践对环境、社会可持续发展的影响，注重使用节能环保材料，重视节能减排。

分解为：①了解土木工程设计、施工和运行方案等对环境和社会可持续发展的影响及相关行业的政策法规；②注重使用节能环保材料，重视节能减排；③能够根据环境、社会、生态、管理可持续发展原则评价工程设计、施工和运行方案。

8. 职业规范

要求：了解项目所在地的民俗风情，具有人文社会科学素养和社会责任感，遵守工程职业道德和行为规范，具有法律意识，服务国家和社会。

分解为：①了解项目所在地的民俗风情，具有较强的人文社会科学素养和社会责任感；②能够在土木工程项目实践中理解并遵守工程职业道德和行为规范，具有法律意识。

9. 个人和团队

要求：具有团队合作精神，能够在多学科组成的团队中承担个体、团队成员或负责人的角色，共同达成工作目标。

分解为：①现代化的工程管理需要具有团队合作精神，能与团队成员有效沟通，能够积极参与团队讨论、与团队成员协作共同达成工作目标，获得用人单位与社会好评；②能够在多学科组成的团队中承担负责人角色，促进团队成员的沟通协调；或承担成员角色，完成个体工作。

10. 沟通

要求：能够通过撰写报告、陈述发言、撰写设计文稿、答辩等方式准确表达专业见解，能与业界同行、相关专业人员及社会公众进行有效沟通与交流，具有良好的文字与口头表达能力，熟练掌握一门外语，能在跨文化背景下进行沟通和交流。

分解为：①能够通过撰写报告、陈述发言、撰写设计文稿、答辩等方式准确而有效地表达专业见解，具有良好的文字与口头表达能力；②能够正确理解工程管理与相关专业之间的关系，具有与业界同行、相关专业人员及社会公众良好的沟通与交流能力；③具备一定的国际视野，掌握外语听、说、读、写能力，能够在跨文化背景下进行沟通和交流。

11. 项目管理

要求：能够掌握和运用工程项目管理的原则和经济决策方法对项目进行技术和经济分析，提出合理的解决方案，并具有一定的组织、管理和领导能力。

分解为：①能够根据项目管理的原则组织、管理和领导项目；②具备项目技术经济分析的基本技能，并提出合理的经济决策方法。

12. 终身学习

要求：正确理解自学和终身学习的重要性，有跟踪新知识的意识，有能力适应工程管理技术的新发展。

分解为：①能够正确理解自主学习的重要性和跟踪新知识的意识，具有终身学习的意识并适应项目管理的新发展；②有理解和跟踪工程管理学科发展趋势的能力，有终身学习和适应社会技术发展的能力；③能够通过适当的学习来发展自己的能力，展示自己的学习和探索成果，并发展成为适合建筑业发展的新人才。

4.4 专业培养特色

目前中国开设工程管理专业的高校已达320多所，其中90%的高校都是在1999年后开设工程管理专业的。工程管理专业是一门融合了土木工程与管理学的交叉工科专业，人才培养目标强调“通”和“广”，提倡“宽口径、厚基础”。培养的人才，在具备工程师的专业理论知识、岗位技能的同时，还需通晓管理业务，并具有战略眼光，这也是该专业和其他相关专业相比最主要的专业特色。随着国际工程承包市场不断扩大，中国国际工程承包量不断增长，迫切需要既懂国际惯例又具备国际工程公关能力的外向型、开放型国际工程管理人才，能够进行跨文化语言沟通与对话的能力，这是工程管理专业的人才培养共性特色。各学校的办学背景、办学条件和师资力量等都有所不同，因此，在确定培养人才的岗位能力和技能方面可以选择不同的方向和不同的组合，自成一派，形成各自独有的专业培养特色。

以笔者所在大学的工程管理系为例，来说明工程管理专业的培养特色。本专业设在建筑工程学院，授予“工学学士”学位。主要培养土木工程建设项目的专业化管理人才，侧重于为建筑企业施工技术与管理服务，主要从事造价管理方面的工作，培养的毕业生具有深厚的工科背景，按照建筑业执业资格的要求进行人才培养，主要凝练了以下四个方面的专业培养特色。

（1）服务、引领当地的建筑业发展。结合地方建筑企业的发展情况，使专业学科积极对接产业需求，培养产业需要的人才，服务与支撑产业发展。除此之外，高校的专业技术前沿优势也能更好地引领建筑业走向更好的方向。鉴于此，本专业重点培养建筑企业施工技术与管理人才。

（2）造价管理方向优势。国家1998年设立工程管理学科，我专业在2003年获得了工程造价教育部试点专业，造价管理在本省的专业发展历史悠久。我专业的核心课程是建设项目的计量与计价、工程造价管理等。其他课程都是在此基础上根据造价管理的需要进行设置。毕业生大多从事土建项目、市政项目的预算、造价、成本控制等工作，社会评价有良好的口碑，培养的工程造价人才得到了社会的认可，有较为稳定的就业去向。鉴于此，本专业侧重于培养造价咨询与管理方面的人才。

（3）学校与学院的工科优势与特色。本专业设置在建筑工程学院，包括了土木工程专业、测绘工程专业、地理信息系统专业与城市规划专业，具有非常突出的工程技术优势，工程技术平台的课程比重高，对提高学生的工程意识与思维有非常大的帮助。我专业最先引进 BIM 技术用于造价管理人才的培养，又与土木工程专业结合，能够对方案进行深度设计与碰撞检查，有效提高设计效率，降低设计中的错误；BIM 技术与测绘专业、地理信息系统专业结合，形成 GIS＋BIM，对于建筑业新技术的方向把握非常的准确，形成了较为完整的 BIM 技术使用链条。鉴于此，本专业的工程技术背景深厚 BIM 技术应用链条完整。

（4）“双师型”师资队伍建设。有建筑工科技术的优势，学院的“双师型”教师也较多，本专业达到 90％以上，拥有注册造价师、一级建造师、监理师、房地产估价师、结构工程师、岩土工程师等建筑业的执业资格证书，教师的专业素养都比较高，有专业技能，同时也有教师资格，对于培养专业人才非常有好处。鉴于此，本专业培养侧重于满足职业发展需求的应用型人才。

不断发展变化的国内外建筑市场对工程管理专业人才培养提出了更高的要求，高等院校只有深刻把握建筑市场的发展脉搏，从系统的角度全方位地审视和优化人才培养各环节，才能培养出适应市场需求、有较强发展能力的合格工程管理人才。

第5章　细化培养标准

综合对高校教师、软件公司、建筑从业人员、毕业校友的调研，形成工程管理专业的毕业要求。以12条毕业要求为结果导向，融合建筑信息化技术的新成果与应用，细化（土木）工程管理专业学生需要具备的知识、能力、工程师职业素质，制定专业培养标准，对工程管理的人才提出新的要求。

5.1　知识要求

毕业要求第一条，“工程知识：能够将数学知识、自然科学、工程基础和专业知识用于解决复杂工程问题”，除了涉及自然科学知识、工程基础、专业知识等，也包括人文社会科学知识、相关学科、前瞻性等知识。

（1）人文社科类知识，包括哲学、政治学、社会学、心理学和历史学等社会科学基本知识以及文学、艺术、军事理论基础等方面的知识。

（2）相关学科类知识，包括作为工程管理基础的高等数学、大学英语、计算机基础、工程数学等知识，物理学、信息科学、环境科学等基本知识，以及城乡规划、金融保险、工商管理和公共管理等相关基础知识。

（3）核心知识分为基础知识与专业知识。①基础学科类包括工程制图与识图、工程测量、土木工程材料、建筑力学等工程技术知识，管理学原理、会计学原理、运筹学等工程管理知识，微观经济学、建设项目融资等工程经济知识，以及经济法、工程合同法律制度等工程相关的法律知识4类基础知识。②专业知识分为建筑CAD、建筑结构、建筑设备、土力学与基础等工程技术知识，工程项目管理、工程造价管理、施工组织、BIM 5D管理等工程管理知识，工程经济与项目评价、建筑工程计量与计价、安装工程计量与计价等工程经济知识，工程招投标、建筑法律法规、国际工程合同管理、工程索赔等工程相关的法律知识，BIM设计与建模、BIM造价管理、BIM 5D管理等信息化知识。

专业知识由以下 5 个知识领域构成：

- 土木工程或其他工程领域技术基础；
- 管理学理论和方法；
- 经济学理论和方法；
- 法学理论和方法；
- 计算机及信息技术。

（4）前瞻性知识，包括以可持续发展思想为理念的绿色施工技术、人工智能、大数据、云计算、智能化、3D 打印房屋等。

这四类知识具体细分为公共基础知识、学科基础知识、专业知识、本专业相关及跨专业的其他知识四个方面，并提出学习要求，依据布鲁姆六级认知目标（知道、领会、应用、分析、综合、评价）对知识的掌握程度进行详细说明。

5.1.1　公共基础知识

掌握一门外语，知道并学习相关英语知识，分析英语的相关语句及语法，具有一定的听、说、写作和表达能力。

知道并领会相关信息科学基础知识，综合运用知识，领会文献、信息、资料检索的一般方法。

领会计算机基本原理及相关知识，熟练应用计算机基本知识、高级编程语言和工程管理相关软件解决实际问题。

熟练运用哲学、政治学、社会学、心理学和历史学等社会科学基本知识，并可以利用哲学、政治学、社会学、心理学和历史学等社会科学基本知识对一般问题进行分析。

知道并领会文学、艺术等方面的知识。

知道并领会军事理论基础等知识。

综合掌握作为工程管理基础的高等数学和工程数学知识，并对实际问题进行评价。

应用物理学、信息科学、环境科学的基本知识分析工程管理的技术问题。

能够对工程管理中的可持续发展问题进行评价，知道当代科学技术发展及趋势。

5.1.2 学科基础知识

综合运用工程制图与识图、工程测量、土木工程材料、建筑力学、工程施工等工程技术知识，分析实际工程问题。

综合运用管理学原理、会计学原理、运筹学等工程管理知识，分析实际工程问题。

综合运用微观经济学、建设项目融资等工程经济知识，分析实际工程问题。

综合运用经济法、工程合同法律制度等工程相关的法律知识，分析实际工程问题。

5.1.3 专业知识

综合运用建筑 CAD、建筑结构、建筑设备、土力学与基础等工程技术知识，并应用其来解决实际问题，能够进行房屋建筑、建筑结构等的设计。

综合运用工程项目管理、工程造价管理、施工组织等工程管理知识，并应用其来解决实际问题，能够进行施工组织设计、项目管理方案策划。

综合应用工程经济与项目评价、建筑工程计量与计价、安装工程计量与计价等工程经济知识，并应用其来解决实际问题，能够进行项目经济评价、工程造价的确定。

综合掌握工程招投标与合同管理、建筑法律法规、国际工程合同管理等工程相关的法律知识，并应用其来解决实际问题，能够进行工程招投标策划、招标控制价的确定。

工程造价方向综合运用公路工程计量与计价、市政工程计量与计价、工程造价管理、工程索赔、BIM 造价管理等造价方面的知识，能够解决工程造价中的复杂问题。

项目管理方向要能够综合应用项目风险管理与保险、项目人力资源沟通与管理、工程质量与安全管理、项目管理软件等管理方面的知识，能够解决项目管理中的复杂问题。

应用 BIM 信息模型、BIM 造价模型、BIM 计价模型、BIM 信息管理模型等知识，解决建筑信息管理中的复杂问题。

5.1.4 本专业相关及跨专业的其他知识

综合应用工程质量、安全管理、信息管理等方面的管理知识，并能够进行复杂项目管理问题的分析和评价。

知道并领会房地产经营与开发、钢结构、道路与桥梁、工程质量事故处理等本专业相关知识，并能分析实际工程问题。

知道装配式建筑、PPP项目融资、BIM协同管理等专业前沿知识，并能分析实际工程问题。

知道城乡规划、绿色建筑、金融保险、工商管理、公共管理等相关基础知识，并能领会其基本内容。

知道工程管理专业发展现状、趋势与前沿。

5.2 能力要求

毕业要求明确提出要“研究分析”“设计开发”“解决复杂工程问题”，并“使用现代工具”（BIM技术）培养工程科技人才，而不仅仅是工程应用型人才，这就要求学生在学习过程中培养高阶思维能力、整合思维能力、动手实践与操作能力，在解决复杂工程问题中需要具备创新、创造与创业的能力。确定工程管理专业学生能力要求时应结合CDIO大纲要求。CDIO大纲中详细列举了工程师需要具备的380多条能力，涵盖了对学生所有能力的要求，其中对“个人能力”与“职业能力”进行详细的说明，对应毕业要求中的“个人和团队”“职业规范”。

5.2.1 基本能力

能够应用文献检索、资料查询及现代信息技术跟踪并获取信息的方法，进行信息的分析、综合和评价，具备进行专业文献检索和初步科学研究能力。

具备较强的语言与文字表达能力，能够熟练应用一门外语，并能进行有效的技术沟通和交流。

具备运用计算机信息技术解决专业相关问题的基本能力，能够应用工程技术语言进行有效的沟通和交流。

综合运用数学、物理和相关自然科学知识，具备较强的建模、定量分析、假设检验的能力，具备推理和解决问题的能力。

5.2.2 专业能力

熟悉工程学理论和设计方法的应用，具有全寿命周期的管理分析能力。

能够综合运用现代工程管理的科学知识、方法和手段，具备发现、分析、研究、解决工程建设全过程造价管理和项目管理实际问题的能力。

综合运用房屋建筑工程的设计和施工组织知识，能够进行工程造价计算的能力。

能够熟练运用管理学知识，建立并使用合理的管理体系，合理调配资源，熟悉项目管理的工作流程，进行工程项目策划、设计管理、进度控制、质量安全管理、合同信息管理，具备组织、计划、预算、管理、协调的能力，具备设计管理、采购管理等全过程工程项目管理的基本能力。

能够进行工程项目策划及投资融资分析，具备编制和审查工程投资估算的能力。

能够熟练运用工程分析与造价管理的方法，进行技术经济分析，具备投资决策、编制和审查工程设计概预算、编制招投标文件、编制施工图预算文件、编制竣工结算文件等的能力，对工程项目进行全过程的造价控制。

熟悉工程造价以及工程招投标的相关事宜，具备决策阶段投资与造价管理能力、招投标阶段造价管理能力等工程项目成本控制与造价管理能力。

能够进行项目招投标策划和合同策划，并有能力编制项目招投标文件和工程量清单，确定合同价款和进行项目合同管理。

能够对项目建设施工方案进行技术和经济分析，有能力编制资金使用计划和项目成本计划，有能力进行不确定性分析和项目风险管理。

能够进行项目成本控制，并有能力编制和审查项目结算文件、工程变更和索赔文件以及决算报告。

能够进行工程造价分析与核算，具备工程造价审计、工程造价纠纷鉴定的能力。

熟悉施工合同、技术合同、咨询合同、产品合同等内容和约定，能通过谈判、协商与项目相关方（委托人、承包商、分包商、供应商等）签订合同。

能够熟练使用建筑信息化技术，运用“互联网＋”、专业软件的相关知识，将实体建筑与三维模型进行结合，具备现代信息技术基础应用能力、现代信息技术辅助项目决策能力、现代信息技术辅助设计能力等现代信息技术辅助工程项目管理能力。

5.2.3　个人能力

具有良好的人际交往能力和团队组织能力，与团队中的其他人合作，并在团队中发挥关键作用。具有一定的组织管理能力和较强的自控能力，在处理新的人际关系和工作环境时，有很强的适应性、自信心和灵活性。

在面对实际工程时，能够综合考量个人行动所带来的利益和风险，敢于主动承担责任，并能够积极主动地采取适当的行动和方法，解决问题并做出总结，展现良好的领导才能。

面对工作有自信心、有激情，能够独立完成工作，注重工程细节问题，具有应变能力，愿意合作且虚心接受他人观点，能够权衡生活和工作的关系。

具有良好的创造性思维和敏锐的洞察力，具有概念化和抽象化能力，以及具备综合和通用化能力。

具有批判性思维，找出有矛盾的观点、理论，适当的选择逻辑论点和解决方法，具备客观分析工程实际问题的能力。

清楚了解个人的强项与弱点，以及知识水平，能够进行自我改善，找到自己的兴趣所在，有认识自我的能力。

具有强烈的求知欲，热爱学习，了解个人的学习风格，具有自我教育的能力，关注专业领域发展，具备终身学习的态度。

能够分清任务的重要性和问题的紧迫性，具有合理进行时间和资源管理的能力。

5.2.4　职业能力

对工作尽职尽责，有良好的职业道德、为人正直、实事求是、具有责任感，理解和接受出错，具有敢于为坚持原则而承担风险和责任的勇气。

充分了解行业职责，明白工程管理的职业要求，懂得职业礼仪，具备良好的人际交往能力。

认清个人所具备的职业能力范畴，积极拓展良好的职业人际关系，能主动规划好个人的职业发展。

具有国际视野和跨文化的交流、竞争与合作能力，能够与时俱进，与世界工程发展保持同步，积极学习新的技术，将工程理论与工程实践紧密结合，促进社会和技术发展。

具有创新意识和初步创新能力，能够在工作、学习和生活中发现、总结、提出新观点新想法。

5.3 素质要求

毕业要求提出了“工程与社会”“沟通”“终身学习”等几方面关于人才培养的具体要求，但这远远不够。工程人才素质的培养不能仅仅通过上几门课就可以实现，而应贯穿于整个培养计划，在 CDIO 营造的工程教育培养环境下，要潜移默化地培养学生的职业素养与工作态度。结合 CDIO 教学大纲中对工程师态度与素质的要求，从文化素质、思想道德素质、专业素质与身心素质四个方面展开。

5.3.1 文化素质

具有丰富的文化知识积累，对中外历史有初步了解，尊重不同的文化和习俗，并具有一定的文化和艺术鉴赏能力。

具有进取、开拓和创新的现代意识和精神。

具有较强的情绪控制能力，能够理性客观地分析事物。

5.3.2 思想道德素质

具有较高的思想道德素质，正确的政治取向，正确的人生观和世界观，爱岗敬业、团结与合作、自我完善、勤奋学习、行为符合社会伦理。

具有诚实为本、以诚待人的思想，求真务实，言行一致。

具有强烈的集体荣誉感，关心集体，能够与他人合作和交流。

5.3.3　专业素质

掌握这门学科的一般理论方法，接受科学思维方法的基础训练，培养严谨求实、理论联系实际、不断追求真理的良好科学素质。

能够运用信息技术培养系统工程意识和综合分析能力，从工程管理的角度分析工程设计和施工中的不足与缺陷，解决工程系统的重点、难点和关键问题；具有预防和处理与工程管理相关的重点、难点和关键问题的能力。

具有良好的市场意识、质量意识和安全意识，注重环境保护、生态平衡和可持续发展的社会责任感。

职业行为规范，遵纪守法，遵守行业标准；坚持原则，勇于担当，具有良好的职业道德和专业精神。

5.3.4　身心素质

身体健康，达到相应的国家体育锻炼合格标准要求。

能理性客观地分析事物，具有正确评价自己与周围环境的能力。

具有较强的情绪控制能力，能乐观面对挑战和挫折，具备应对困难、压力的心理承受能力和自我调适能力。

工程管理专业的人才只有在具备了以上提出的知识、能力、素质等三方面的要求后，才能满足行业、社会对本专业人才的要求，才能具备解决实际工程能力的需要。只有掌握了专业基础知识，具备全方位的综合素质和能力，才能成为本行业的高级专业人才。

第6章　设置专业课程体系与培养计划

本章围绕如何更好地保证学生学到专业知识、提高能力和素质，解读CDIO教学大纲的12条标准，并将其应用到针对（土木）工程管理专业的课程体系和培养计划中，从专业平台课程设置、课程体系设置、实践课程设置等方面进行思考。

6.1　CDIO教学大纲解读

标准1：背景环境。采用这样一个基本原理，将产品、过程和系统生命周期的开发与运用“构思—设计—实现—运行”作为工程教育的背景环境。

“构思—设计—实现—运行”模型是CDIO的基本原理，旨在创建和开发建筑工程项目系统的生命周期，营造适合工程教育的背景环境，构建将技术知识和其他能力的教、练、学融为一体化的文化构架，以培养既懂技术，又懂管理，适合社会需要的复合型人才。

标准2：学习效果。具体、详细的学习效果，与专业目标一致，并得到利益相关者验证的个人、人际交往能力，产品、过程和系统的建造能力和学科知识。

把知识、能力、技能、素质等被列为预期的工程教育的结果，即CDIO教学大纲中的学习效果。这些学习效果规定了学生毕业时应该学到的专业知识和应具备的能力。在学科知识方面，学生应该掌握并能综合运用包括人文社科基础类、相关学科类、专业核心学科和高级工程学科类的知识；在能力方面，学生有必要具备一些基本的个人能力，如解决问题的能力、实验和知识探索的能力，以及团队合作、沟通交流等人际交往能力。

标准3：一体化课程计划。是一个由相互支持的专业课程和明确集成个人、人际交往能力以及产品、过程和系统的建造能力为一体的方案所设计出的课程计划。

课程体系应该系统化和多元化。知识结构应包括人文、社科、计算机、外语等基础通用知识，专业知识课程计划应该从专业基础知识到核心专业知识，由简到繁深入，且形成系统化。构建技术、管理、经济、合同与信息技术课程群，列出核心知识、能力与技能，每个课程群都依托至少一个课程设计或者综合项目设计，来保证目标的实现。

标准 4：工程导论。是一门工程导论课程，它提供产品、过程和系统建造中工程实践所需的框架，并且引出必要的个人和人际交往能力。

通过应用相关的核心学科来激发学生的学习兴趣并明确其学习动机。工程学科导论的开设为工程实践提供了一个框架，也为课程计划所要求的学生能力的发展提供了一个较好的开端。

标准 5：“设计—实现”的经验。在课程计划中包括两个或更多的“设计—实现”的经验，其中一个为初级的，一个为高级的。

根据规模、复杂性和培养中的顺序，将“设计—实现”分为初级和高级两个等级。初级课程计划能够让学生对这门学科有一定程度的了解，并能掌握简单的基础知识；而安排在后面的较为复杂的高级“设计—实现”，则强调实际工程的应用，加深学生对学科知识的理解，这将有助于将上述课程与所学的知识和能力有机地结合起来。

标准 6：工程实践场所。工程实践场所和实验室能支持和鼓励学生通过动手学习产品、过程和系统的建造能力，学习学科知识和社会学习。

工程实践场所和其他支持动手学习的学习环境是学习和实践的基本资源，学校应该根据资源和专业规模，对实验室进行改革，配备电脑室、工程实验室和其他设施，以提供学习环境和工程实践场地。

标准 7：一体化学习经验。一体化学习经验能够带动学科知识与个人、人际交往能力，以及产品、过程和系统的建造能力的获取。

运用“一体化学习经验”的教学方法，有助于将工程实践问题和学科问题相结合，让有工程实践经历的教师直接参与一体化教学。教师可以邀请企业合作伙伴和其他利益相关者参与筹划一体化学习经验，如提供讲座交流、实践实习等，指导学生对学科知识、个人和人际交往能力、系统建造能力的学习。

标准 8：主动学习。基于主动经验学习方法的教与学。

主动学习方法是让学生专注于对问题的思考和解决，将重点放在从事操作、运用、分析和判断概念上。主动学习可以利用网络学习平台、专业选修等途径进行合作讨论、讲解辩论，提高学习效果，拓展知识体系，开阔专业视野。

标准9：提高教师的工程实践能力。采取可行措施，提高教师的个人、人际交往能力以及产品、过程和系统的建造能力。

教师除了能够教授各自领域的综合学科知识外，还应具备工程实践能力，进行更加全面系统的教学。随着技术创新的快速发展，教师需要不断地提升社会实践能力和教学实践能力，能够细化到具体工程内容进行教学讲解，加深学生对问题的深度理解，并为学生做好当代工程师的榜样。

标准10：提高教师的教学能力。采取可行措施，提高教师在提供一体化学习经验，运用主动和经验学习方法以及学生考核等方面的能力。

①教师定期接受专业的培训，参加教育主管部门举办的各种教学培训活动。教师要更新教育理念，改进教学方法，从原本单纯的“教”，变成师生互动，教学相长；还要认真学习专业知识，开阔专业领域视野，提高自己的业务能力。②教师应当积极参与教育科研活动，开展教育科研是兴教、兴校、育人的根本保证。教师不仅要善于教学，而且要善于研究教学过程；不仅要培养学生，而且要通过科研，培养自己，教研相长。③教师应当关注学生的多种思维方式与心理情感。④教师应当学会灵活运用各种教学手段和方法进行教学。⑤教师要不断总结教学经验，从各个角度分析教学过程，提高自己的教学能力，并且在实际教学过程中积极运用新经验、新方法。让学生学到更多的知识，并且为学生未来的发展打下坚实的基础，也是素质教育对教师的基本要求。

标准11：学习考核。考核学生在个人人际交往能力、产品课程和系统的建造能力以及学科知识等方面的学习效果。

除了重视个人的人际交往能力的培养，必须运用有效的考核方案来衡量它们。不同学科、不同类别需要不同的考核方法，考核方法包括笔试和口试、全面观察学生表现、评定量表、网络平台的在线测试、课程作业、翻转课堂、总结汇报等。采用多种考核方法以适用于更广泛的学习风格，增加考核数据的可靠性和有限性。

标准12：专业评估。对照12条标准进行专业评估，以继续改进为目标，向学生、教师和其他利益相关者提供反馈信息的系统。

专业评估包括课程评估、教师总结、新生和毕业生的访谈、跟踪研究等，定期向教师、同学、校友以及其他利益相关者通报和反馈，学校根据反馈制订新的教学计划，改进教学方案，不断完善并持续改进教学体制和教学方法，促进专业人才的培养。

6.2　平台课程

通过对CDIO教学大纲的解读，将其内容渗透到课程设置中。工程管理专业是一门工程技术与管理交叉的复合性学科。该专业要培养具备管理学、经济学、计算机及信息工程、法学理论和方法、土木工程或其他工程技术等的基本知识，掌握现代管理科学的理论、方法和手段的复合型高级管理人才。依据细化的（土木）工程管理专业人才培养的知识、能力与技能、素质培养标准，工程管理专业应设置相应的课程体系与培养计划，并将课程进行平台化与模块化划分。知识结构中的人文社会科学知识、自然科学知识、外语知识等通用知识，需要在课程体系中有所体现；“双创”背景下的创新创业的知识、技能也需要融合；专业知识也要由简到繁地深入；出现新技术，课程体系要做出调整，知识、技能都要在课程体系与培养计划中体现，新工科的升级不是课程门数的增加，而应是课程设置体系的变化，课程体系包括通识教育、创新创业教育、学科基础教育、专业教育以及选修体系。工程管理专业平台课程共包括了六个平台的课程，分别是工程技术平台、项目管理平台、工程经济平台、合同法律平台、信息技术平台与创新创业平台课程，如图6-1所示。

6.2.1　传统平台

工程管理的传统平台课程包括工程技术平台、项目管理平台、工程经济平台、合同法律平台。工程技术平台课程包括工程制图、工程材料、房屋建筑学、工程力学、工程结构、工程测量、工程施工等。项目管理平台课程包括管理学、项目管理、施工组织等。工程经济平台课程包括经济学、会计学、工程财务、工程评价、工程造价等。合同法律平台课程包括工程合同法律、工程招

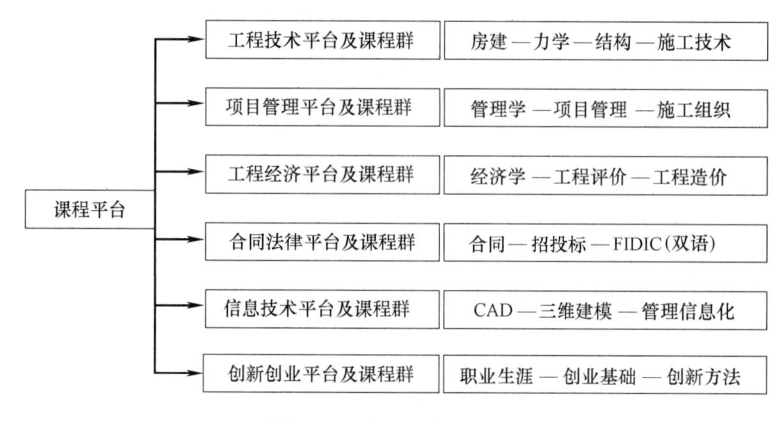

图 6-1　课程平台构成图

投标与合同管理、建设法规、FIDIC 等。

6.2.2　创新创业平台

在“大众创业、万众创新”和经济高速发展的时代背景下，创新能力已成为衡量人才的一个重要标准，创新创业教育已成为适应大学生成长成才需要、符合建设创新型国家和人才强国的目标要求。工程管理专业需做到专业基础知识、技能学习与创新创业知识学习相结合，以提高学生综合素质和核心竞争力。

创新创业平台是作为最新加入的模块，已成为工程教育融合创新模式的重要组成部分。创新创业教育的过程也是循序渐进的过程，需要贯穿于学生学习的全过程，要从学生的职业生涯规划、创新创业基础、创新方法等方面开设专门课程，并扩展到课外的创新创业活动，让培养人才的创新创业素质成为一种新常态。

职业生涯规划课程要帮助学生认识自我，明确职业定位，评估就业机会，择优选择职业目标与路径，同时要向学生讲述自主创业这一职业方向的政策、未来前景等，帮助大学生推开自主创业的大门。创新创业基础课程主要从培养学生的创新意识、创新思维和训练创新技法，进行创业准备、创业筹划、创业启动与风险管理等方面进行介绍，是大学生创新创业的启蒙课程。创新方法课程要帮助学生认知创业活动的基本内涵和性质，辩证地认识和分析创业机会、创业资源等，提高工程管理专业学生的创新能力。创新创业的课程与专业结合，从课堂扩展到课外的创新活动，融入每一学年的教学中，让培养人才的创新素质成为一种常态。

6.2.3　信息技术平台

在《建筑业 10 项新技术（2017）》中，信息化技术作为建筑业未来发展的 10 项技术之一，加快建筑业技术进步，推动建筑产业升级。建筑信息化技术推动建筑业的发展，也推动着教学方式的改革与转变。

BIM 技术是一个完备的信息模型，能够将工程项目在全生命周期中各个不同阶段的工程信息、过程和资源集成在一个模型中，被工程各参与方使用，实现各方的协同管理。BIM 技术教学也应贯穿于工程管理专业学生学习的全过程，工程管理专业学生应具备利用 BIM 进行快速算量、三维渲染、精确计划、多算对比、虚拟施工、冲突调用等技术素养，以提高专业综合素质，成为符合时代发展要求的建筑领域新型人才。

信息技术平台课程的设置，是对工程管理专业进行改革升级的关键。我们通过调研开发、施工、咨询、BIM 软件等相关公司，对 BIM 技术的使用情况进行了解，对 BIM 软件的种类进行汇总，对 BIM 在各阶段完成的具体工作进行分解，编写了附录 6、附录 7 两个 BIM 技术汇总表。根据使用者的不同，可分为施工方与业主方。

对于施工方来说，按照工程项目建造的过程分成 8 个阶段，分别是投标策划、项目策划、施工阶段、结算阶段、竣工支付、运行维护阶段、现场服务、咨询服务。BIM 技术在投标策划、项目策划阶段，可完成图纸问题检查、报价策划、确定项目目标成本、编制进度计划与施工场地布置等工作，施工企业可根据这些数据对工程有一个总体的规划与统筹；BIM 技术在施工阶段，可完成施工方案模拟及优化、碰撞检查、设计变更调整、对外造价管理、对内成本控制、质量安全、协同管理、资料管理等多种工作，可加快施工过程，提高工程建设的效率；BIM 技术在结算、竣工交付阶段，可完成对外结算、分包结算、多算对比、竣工模型交付等工作，可实现结算工程量、造价的准确快速统计，实现 BIM 虚拟模型与实际建筑物信息一致；BIM 技术在运行维护、现场、咨询服务阶段，可进行工程资料信息查询、运行维护信息记录、技术培训、知识传递等工作，可为技术问题处理提供支持，提高现场管理效率。

对于业主方来说，按照工程项目建造的过程分成八个阶段，分别是规划设计、施工招标、建造施工、结算阶段、竣工交付、运行维护阶段、现场服务、咨询服务。BIM 技术在规划设计、施工招标阶段，通过三维模型建立、图纸问题检查、成本费用核算及造价评估、建立预算模型、标底工程量精算等工作，可提供投资最优方案建议，直观形象展示整个项目，帮助业主对投资进行控制；BIM 技术在建造施工阶段，可进行设计变更跟进、进度款支付数据支持、材料用量核对、施工方案模拟、碰撞检查、漫游、资料档案管理等工作，可加快施工进度，提升工程质量与安全；BIM 在结算、竣工交付阶段，可进行结算审计、竣工模型、信息查询等工作，实现结算工程量、造价的准确快速统计，有效控制结算造价；BIM 在运行维护、现场服务、咨询服务阶段，可进行业主方的资料信息查询、运行维护信息记录、知识传递等工作，可实现各子系统的管理协调，提升企业的管理水平。对于工程管理专业的学生来说，从项目前期策划到后期运行维护服务，BIM 技术贯穿整个过程，需要学习 BIM 建模、BIM 算量、BIM 计价、BIM 管理等内容。

根据 BIM 软件的用途，可大致将 BIM 软件分为四类：概念设计和可行性研究软件、BIM 核心建模软件、BIM 分析软件以及加工图和预制加工软件。BIM 核心建模软件一般又分为 Revit MEP、ArchiCAD 等。对于工程管理的学生来说，应用 ArchiCAD 比较多，主要是在方案设计到后期运营这段时间。BIM 分析软件中的 Structural 在建造工程中运用较多，主要用于建筑性能、工程结构分析以及工程量统计。当然，BIM 软件在高校在校生的学习中也发挥

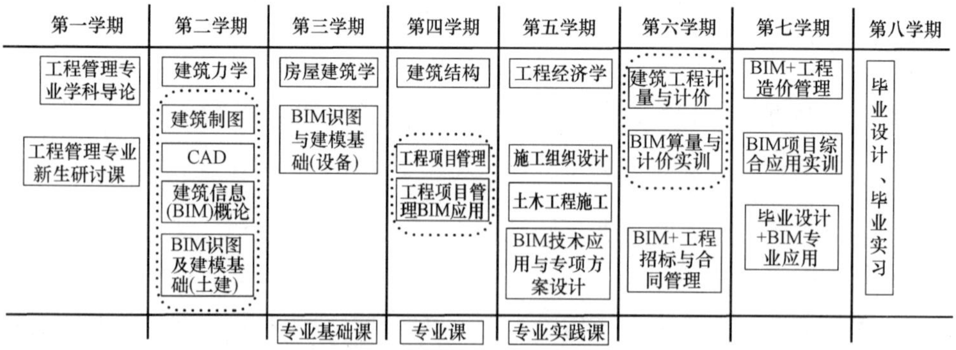

第一学期	第二学期	第三学期	第四学期	第五学期	第六学期	第七学期	第八学期
工程管理专业学科导论	建筑力学	房屋建筑学	建筑结构	工程经济学	建筑工程计量与计价	BIM+工程造价管理	毕业设计、毕业实习
工程管理专业新生研讨课	建筑制图	BIM识图与建模基础(设备)	工程项目管理	施工组织设计	BIM算量与计价实训	BIM项目综合应用实训	
	CAD		工程项目管理BIM应用	土木工程施工	BIM+工程招标与合同管理	毕业设计+BIM专业应用	
	建筑信息(BIM)概论			BIM技术应用与专项方案设计			
	BIM识图及建模基础(土建)						
		专业基础课	专业课	专业实践课			

注：虚线框内课程为 BIM 技术植入原有专业基础课程或专业技能课程，课程名称可为原先课程名称或新课程名称（如工程项目管理 BIM 应用）

图 6-2　BIM 课程设置图

着重要作用，比如 AutoCAD、天正建筑软件可用于房屋建筑学课程设计，PKPM 可用于结构课程设计，BIM5D 用于工程项目管理课程设计，广联达 BIM 土建计量平台 GCL、广联达 BIM 钢筋计量平台 GGJ、广联达计价软件 GBQ 用在建筑工程计量与计价电算化课程中。而鲁班系列软件、Revit 在专业比赛中应用较多。BIM 技术详细的工作内容和软件见附录 6、附录 7。初步设计 BIM 课程如图 6-2 所示。

6.3　模块化专业选修课

专业选修课要能够体现专业的各种职业需求、专业的技术发展，从大三开始开设选修课，让学生根据自己的兴趣与能力来选择“学习菜单”，实现学生的个性化学习，是对选修课模块的升级改造。图 6-3 列举了建议开设的 8 门选修课，每一门课程都以项目为导向融合了至少 4 门课的内容，也包括对先导课程的回顾应用，学生在学习的过程中需要培养自学能力、整合思维的能力与专业创新能力，完成课程预设的项目，才能顺利完成课程。

(土木)工程管理专业选修课模块“菜单”设计				
选修课程	装配式构建设计	市政工程计量计价	公路工程计量计价	园林工程计量计价
囊括课程	装配式概述 装配式设计 装配式材料配比 装配式施工 ……	市政工程概述 道路工程 桥梁工程 市政工程概预算 ……	道路工程概论 给排水管网工程 公路工程概预算 道路工程设计原理 ……	园林工程概论 园林建筑构造 园林设计 园林工程概预算 ……
选修课程	海外合同管理	工程索赔与反索赔	房地产项目策划	BIM 建模与应用
囊括课程	国外项目承包模式 海外工程项目管理 海外项目风险防范 海外项目招投标 ……	工程变更概述 合同价款调整概述 工程索赔分类 业主反索赔程序 ……	房地产经营 房地产开发 房地产营销策划 房地产经济学 ……	GCL、GGJ 钢筋建模 三维场布 Project 进度计划 GQI 建模 ……

图 6-3　选修课“菜单”

选修课学习“菜单”共分为八个，学生可以根据自己对于未来职业的规划来选择学习的内容组合。下面进行详细说明。

“装配式构建设计”课程。装配式是我国建筑工业化发展的方向，可以提高施工效率，降低环境污染，因此根据时代的需求，开设这门课。这门课是

“建筑结构”“建筑材料”课程的后续课程，内容包括了对装配式建筑的概述、装配式建筑的设计内容、装配式建筑的材料配比、装配式建筑的施工方案等内容，课程的最后成果要求学生能自己设计、制作、施工装配式的一个构件。

“市政工程计量计价”课程。我国经济快速发展，市政建设的需求逐年增长，对于市政工程方面的造价管理需求量也大大增加。这门课是“土建工程计量与计价”“安装工程计量与计价”课程的后续课程，内容包括了市政工程的概述、道路工程识图、桥梁工程识图、市政工程概预算、市政工程计量与计价等内容，课程的最后成果要求学生能确定市政工程的造价。

“公路工程计量计价”课程。城市发展规模迅速，公路工程的发展逐年递增，公路工程有别于市政工程的计量计价，因此，单独开设“公路工程”。这门课的前序课程与“市政工程计量计价”一样，但内容包括了道路工程概述、给水排水管网工程、公路工程概预算、道路工程识图及设计等内容，课程的最后成果要求学生能确定公路工程的造价。

“园林工程计量计价”课程。由于人们逐渐意识到生态、环境、环保对生活的重要性，近年来，城市发展、小区建设对园林景观项目提出了越来越高的要求，因此园林工程的计量计价也成为工程造价关注的问题。这门课的前序课程同“市政工程计量计价”“公路工程计量计价”一样，内容包括了园林工程概论、园林建筑构造、园林工程识图与设计、园林工程概预算等内容，课程的最后成果要求学生能确定园林工程的造价。

“海外合同管理”课程。世界经济全球化发展，国际合作不断加强，“一带一路”倡议增加了我国同其他国家在工程建设中更多的合作，进行商务合作要遵守国际准则，符合国际惯例，为了在工程项目的建设中更好地进行合作，开设“海外合同管理”。这门课是“项目管理”“建筑合同法律”“招投标”等课程的后续课程，内容包括了国外项目承包、海外工程项目管理、海外项目风险防范、海外项目招投标、FIDIC 条款等内容，课程的最后要求学生能够进行海外工程项目的合同管理。

“工程索赔与反索赔”课程。工程项目确立及整个实施过程中，合同签订的一方因主观或客观的原因，如勘察、设计、专业标准、市场材料差价与环境因素、施工方案及不可抗力因素等原因，造成时间延期，以及人力、物力、财力的损失，会产生变更与索赔，因此开设“工程索赔与反索赔”。这门课是

“项目管理”“建筑合同法律”等课程的后续课程，内容包括了工程变更概述、合同价款调整概述、工程索赔分类、业主反索赔程序等内容，课程的最后要求学生能够模拟实际案例提出索赔方案。

“房地产项目策划”课程。随着国民经济的快速增长，房地产行业蒸蒸日上。成功的房地产项目有助于造就成功的企业，因此企业也越来越重视房地产项目策划方向的人才选拔。房地产项目策划专业人才备受欢迎，为社会所需，因此开设“房地产项目策划”。这门课是“房地产管理”“管理学原理”的后续课程，内容包括了房地产经营、房地产开发、房地产营销策划、房地产经济学、城市规划、项目可行性研究、房地产投资等内容，课程的最后要求学生能够编写房地产项目策划书。

“BIM 建模与应用”课程。BIM 技术在工程项目的全过程管理中的优势逐步显现出来，建筑模型更加直观、全面，让建筑的整个系统链接越来越整体、越来越严谨，建筑信息化是公认的建筑业未来发展方向，因此，开设“BIM 建模与应用”。这门课是“建筑制图”“建筑 CAD”“项目管理”“土建工程计量计价”等的后续课程，内容包括了钢筋建模、三维现场布置、进度计划编制等内容，课程的最后要求学生能够设计 BIM 的三维模型并进行项目管理策划。

6.4　三级项目实践课程设计

借鉴 OBE-CDIO 的教育理念，以学生的预期收获为目标，以工程项目为载体，整合专业知识，甚至跨专业知识，全面培养学生的专业能力与水平、综合工程设计、工程实践与创新的能力。项目的设计分为三级：第一级项目为毕业设计，需要借助 BIM 技术来实现；第二级项目是基于年度学习成果的设计，需要整合年度的课程知识；第三级项目是课程设计，是针对核心课程设置的。三级项目的设计思路如图 6-4 所示，图中较为详细地列出了各个学期的课程设置。

6.4.1　第一级项目设计

一级项目是工程管理专业的毕业设计。毕业设计是专业培养计划中最重要的综合性实践教学环节，是学生对大学四年所学知识、能力、素质的一次综合性应用。根据真实的工程项目，搭建 BIM 工作平台，将工程项目建设的各个

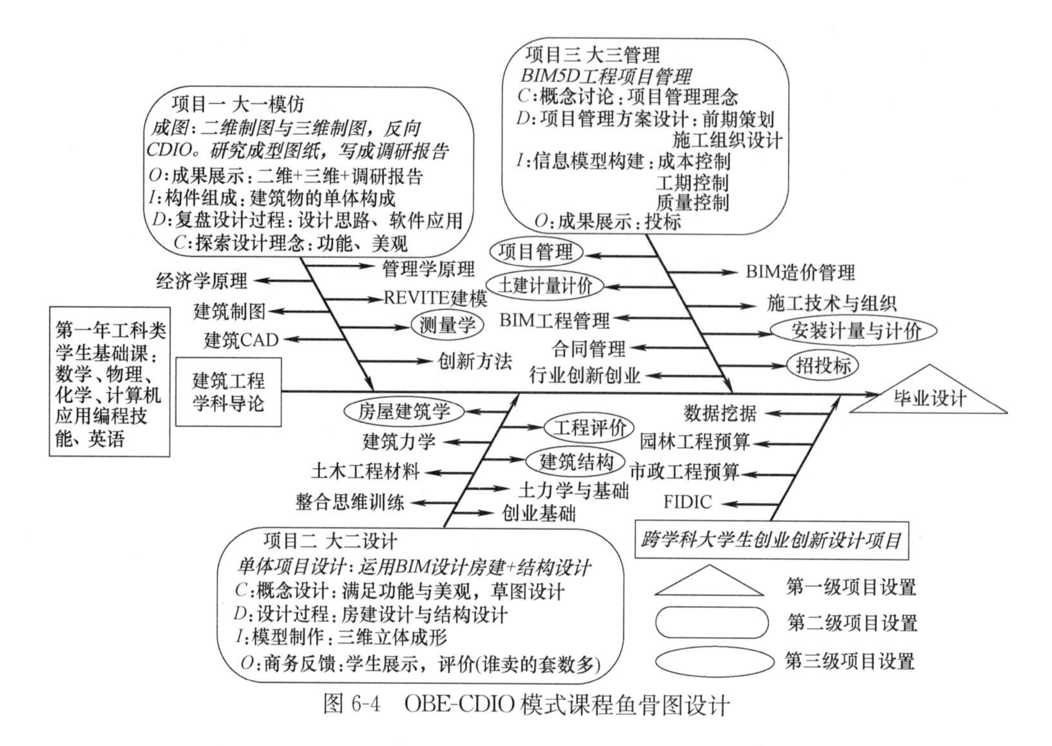

图 6-4 OBE-CDIO 模式课程鱼骨图设计

环节进行有效关联，要求学生能够运用 BIM 参数模型详尽地表达工程项目的相关信息，可以选取设计、招标、投标、施工、运营等任一阶段进行深化设计，也可以选择多个阶段进行项目设计，或者对工程项目全过程进行投资控制、质量控制及合同管理，从而实现项目全寿命周期过程中的数据共享与传递（图 6-5）。毕业设计实践项目与先前的毕业设计要求相似，只是增加了 BIM 技

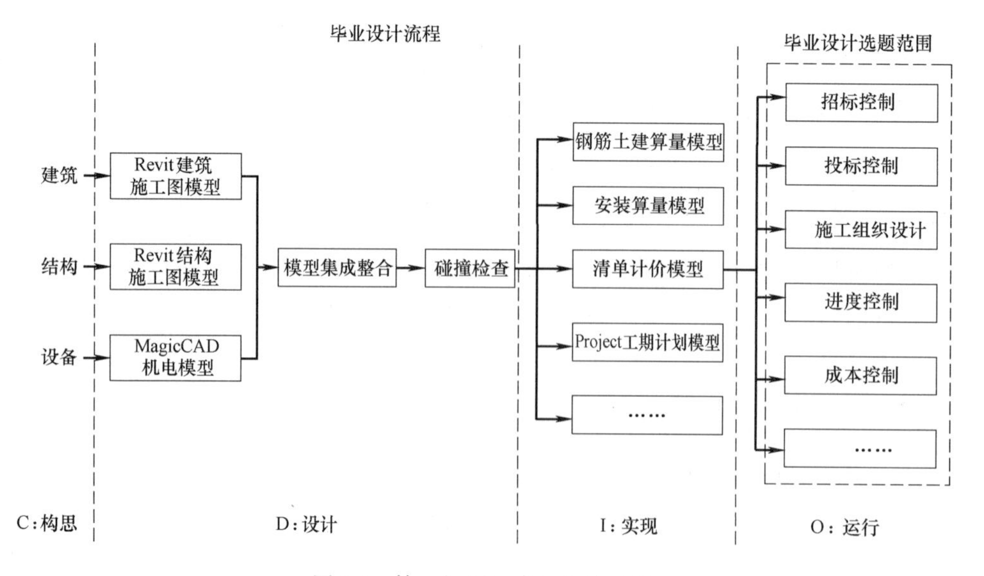

图 6-5 第一级项目毕业设计思路

术的应用，在此不再多做赘述，本研究主要针对二级项目进行说明。

6.4.2　第二级项目设计

第二级项目是基于年度学习成果的设计，大学四年设置三个二级项目，都是基于 OBE-CDIO 的工程教育理念进行设计的。大一学年所学的专业课有限，仅学习工程基础类知识，通过模仿真实的项目让学生对工程系统有整体的感性认识。用 CAD 与 Revit 等软件绘制成图，思考单体项目包含的构件名称，设计的思路，设计满足的条件，让学生完成一个工程项目的全部成图内容，并撰写一份调研报告，为下面两个年度的任务做充分的设计准备。大二学年学生有了绘图的基础，有了一定的专业知识基础，可以进行项目的房建设计、结构设计、机电设计，并且对信息化模型进行碰撞检查，能够自行检查设计中出现的问题，在设计完建筑模型后，把整个设计的构思、计算的过程、设计的过程写成材料，作为建筑模型作品的一部分。大三学年核心的专业知识基本上都已经学完，学生也能够运用大部分的 BIM 软件，可以将管理的内容融合 BIM 技术进行展现，实现工程项目管理过程的信息化。下面针对大一模仿学习过程与大三管理学习的过程进行 CDIO 项目设计。

1. 模拟成图项目设计

1）C：构思设计理念

（1）新颖性：建筑能够反映当前建筑业的最新发展趋势，强调设计理念的创新、前瞻性和指导性，体现现代城市时尚、生态和文化的特征。

（2）适用：规划方案布局合理，功能分区清晰，与周边环境协调，严格遵守各类高层公共建筑设计规范。

（3）绿色：体现节能和低污染的宗旨。在经济许可的前提下，设备和材料的选择应适当超前，以满足环境保护的要求。

（4）美观：充分考虑建筑形式表达与建筑艺术的有机结合，具有独特的设计品质和理念，充分展示建筑的特色。

2）D：设计过程思考

（1）组合形式。建筑在设计的过程中一方面要保证其功能，同时也要充分地满足其外观上的要求，建筑的空间组合是非常重要的环节。思考建筑的平面空间组合方式，是走道式组合、套间式组合、大厅式组合、单元式组合，还是混合式组合。

（2）平面设计。建筑平面的设计实质上是建筑功能的图示表达方式，每一个建筑都由其自身特定功能决定其平面形式，它从根本上决定了建筑的经济性、功能性、审美性，并集中反映了建筑平面各组成部分的特征及相互关系、使用功能的需求，以及是否经济合理。建筑平面空间组成包括使用部分、交通联系部分及结构部分。在绘制建筑平面图时，熟悉绘制的过程：①绘制定位轴线，形成轴线网格；②绘制平面图内主要构件，分别是墙体、柱子、门窗洞口、楼梯等；③绘制其他细部结构，如卫生间；④标注尺寸，依次是细部尺寸、定位轴间尺寸、房屋总长与总宽；⑤标注定位轴线的编号；⑥标注标高尺寸。

（3）立面设计。立面个性的表达是立面设计中的首要问题，并且是基于建筑造型的个性设计。试着理解设计师的立面设计概念，这不仅与建筑的性质有关，也与建筑的使用对象有关。在立面设计中，恰当的比例是立面设计成功的先决条件，它可以反映建筑的真实情况。思考如何处理建筑立面的实际情况，利用建筑凹凸形状的光影效果，借助墙面的凹凸起伏和实体墙与洞口的比例，如突出的阳台、雨篷、柱子、悬檐和门廊等，来达到这一目的，形成强烈的明暗关系和虚实感觉。

（4）交通流线组合设计。建筑的主体是人，各种建筑的内部和外部空间的设计与组合应该基于人们的活动路线和人类活动规律，设计应该尽力满足用户合理的身体和心理需求。考虑建筑物中人员的移动和疏散路线、垂直和水平交通的位置，将主流路线作为设计和组合空间的主线，根据这条主线将每个部分设计成一系列丰富多彩的空间序列。

图纸设计有明确的流程，将图纸的设计流程复盘一遍，加深认识。建筑设计的过程非常复杂，考虑的因素也较多，用文字报告的形式撰写出对建筑物设计的思考，并将对主要构件的认识写出心得。

3）I：实现

根据设计理念来选择合适的软件，如Revit、CAD、SU、天正等，根据出图的要求选择合理的绘图顺序，标准层采用复制形式。进行模型创建与渲染，完成最后出图。

4）O：成果展示

将绘制好的二维图纸与标准进行对比，将三维作品通过视频的形式展示出来，同时提交文字报告。

2. BIM 5D 管理项目设计

1）C：构思理念

BIM 5D 是一个基于 BIM 的建筑施工过程的管理工具。它可以通过 BIM 模型集成进度、预算、资源和施工组织等关键信息来模拟施工过程，及时提供施工过程中准确的形象进度、材料消耗、过程计量、成本核算等核心数据，提高沟通和决策效率，帮助客户数字化管理施工过程，节省时间和成本，提高项目管理效率。

2）D：项目管理方案设计

项目管理方案设计主要从两个方面实施：①前期策划，项目前期策划工作可以使项目建设顺利进行，达到工期、质量和成本三大控制目标，为项目的后期运营带来便利。②施工组织设计，施工组织设计对正确选择总体设计优化方案、合理组织工程施工、保证工程质量、缩短工期、降低工程成本具有重要作用。

3）I：信息模型构建

（1）进度控制。建筑施工是一个高度动态的过程。随着建设规模的扩大和施工难度的提高，建设方项目管理全过程的进度管理往往会变得相对复杂，因此在实践中应尽可能保证施工进度。用 Project 软件绘制的甘特图，考虑增加工期控制的可视性，设计 BIM 环境下的进度方案，通过 BIM 系统与进度计划的有效链接，把时间信息与空间信息整合在同一个可视的 4D 模型，细化到建筑每个细部节点的进度和每个系统的安装进度，实现对建筑施工的整个过程直观且精确的反映。并且结合 BIM 的全过程数字化模型特点，对项目进行实际进度和计划进度的对比，从可视化 4D 效果上掌握工程现有进度和计划进度的差别。

（2）成本控制。在 BIM 5D 信息平台中导入进度计划、合同预算和计划成本文件，以获得计划工作的预算成本、已完成工作的预算成本和实际成本。利用核算信息形成“进度—资金”成本曲线模拟并实施事前成本分析；将计划预算文件和实际成本信息进行比较和分析，以实现实时监控，并通过挣值法量化和分析偏差指数CV以及成本绩效指数CPI之间的偏差。全面分析合同预算文件和实际成本信息，比较已完成项目合同的预算成本和施工企业已完成工作的预算成本，计算计划利润、实际利润和利润偏差，分析成本偏差信息，实现成本控制。

（3）质量控制。在BIM环境下，施工人员通过应用施工组织模拟和施工系统分析，对项目进行更加系统、全面和深入的管理，有效地保证了施工人员质量管理的效率和质量。①从施工组织模拟方面，明确施工组织设计的内容、施工环节的施工重点和施工难点，按月、日、小时的时间划分，进行系统分析和优化施工方案，并模拟、分析、指导关键施工环节和施工工艺，为提高施工质量提供基本保证；②从建筑系统分析方法来看，避免了建模和参数获取的重复性，提高了系统分析的有效性和准确性，有效地提高建筑的整体质量和性能；③使用BIM和智能移动设备对已建成的建筑进行扫描，将实际扫描结果与设计的三维建筑数字模型进行实时比较，并及时控制施工单位的质量。

4）O：成果展示

（1）完成工程量的计算，编制工程量计算书，包括土建、钢筋、装饰、措施项目等。

（2）完成施工图预算，确定工程造价，包括工程量清单文件、清单计价文件、综合单价分析表、钢筋配料表等，供投标报价使用。

（3）利用广联达系列软件建立模型，包括钢筋模型（GGJ），土建模型（GCL），计价软件（GBQ）。

（4）编制进度方案，利用项目管理软件，即Project软件进行施工进度计划的编制。

（5）将Project导入斑马梦龙网络计划软件生成时标逻辑网络图。

（6）使用广联达三维现场布置软件绘制施工平面布置图（基础阶段、主体阶段、装饰阶段）。

（7）基于BIM 5D施工管理规划的内容及BIM 5D的应用（虚拟建造模型，基于进度、质量、安全、资料等方面的施工项目管理）。

6.4.3　第三级项目设计

第三级项目是课程设计，是针对专业的核心课程，课程设计采取递进式课程设计模式，前面课程的设计内容为后面的课程设计提供依据，如果后面的课程设计发现了问题还可以改进前面的课程设计，整个课程设计形成一个闭环，能够按照 PDCA 的质量控制模式计划（Plan）、执行（Do）、检查（Check）、行动（Action）使得学生对所学知识与所做设计产生迭代效应，不断自我发现问题，实现学生的自我成长。

递进式课程设计模式是指依托于一类工程项目（如住宅、教学楼、宿舍楼、办公楼等），包括项目的决策、设计、施工等阶段，按照主干课程的开设顺序，依次完成设计的递进式新模式。该课程设计的目的是为了解决投资决策、设计、成本分析、施工组织、风险管理和合同管理等工程技术与管理实际工作中的问题。在递进式课程设计模式当中，前面的课程设计成果是后续课程设计的基础与依据，而后面的课程设计结果又可以对前面的课程设计结果进行反馈，再对前面的课程设计进行修改和完善。这样在所有子课题的课程设计结束后，学生就可以对整个工程的各个阶段都能有非常深入的了解，从而能够在工作中适应各种岗位。图 6-6 是工程管理专业递进式课程设计模式的流程图，向下的箭头表示课程设计流程的推进关系，向上的箭头是对前面设计成果进行修改与完善。

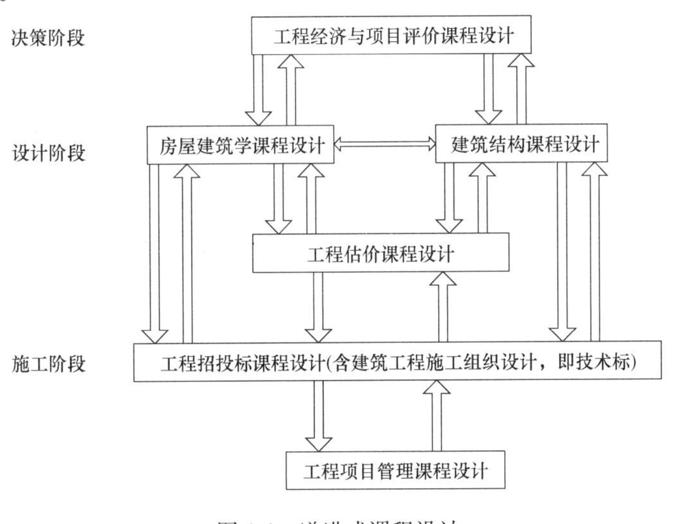

图 6-6　递进式课程设计

递进式课程设计模式的实施需要教师与学生相互配合。教师为学生制定好任务设计书与指导书，这是递进式课程设计模式能够实施的前提，并依据教师的专业组成指导小组，在整个递进式课程设计的过程中，指导教师组成的指导小组与教师指导的学生都应当是固定的，这样教师才能更好地了解学生所做课程设计的具体问题，当学生在设计的进程中遇到问题时能够及时高效地与老师进行沟通交流。对于学生而言，应当做到自觉选择不同的设计参数，以防止在课程设计的过程中出现疑似抄袭的现象。

在实施递进式课程设计模式后，可以达到如下的效果：①在整个设计的过程中，学生面对的是真实而具体的实际问题，在依次完成各个子课题的设计之后，提高了学生对工程项目设计、整体管理能力与全局把握能力，达到了由理论向实际过渡的效果。②设计内容综合。在递进式课程设计模式中，很好地实现了理论知识与实际工程的结合，在整个设计的进程中包含了多方面的知识和技能，其设计内容综合性强，并实现了建筑设计与结构设计的融合、结构与施工的融合、施工与造价、项目管理的融合，使学生加强了对所学知识的整体把握能力。③设计途径多样化。递进式课程设计模式的进程中，需要学生自己去查阅一些资料（图集、设计标准等）、重新学习以前的课堂知识、学生之间协同合作等多种途径来完成课题的设计任务，以完善设计成果。④递进式课程提高了学生对所学知识的综合掌握能力。在整个设计的进行过程中，需要学生运用到各个阶段所学的内容，只有将这些内容进行综合分析才能很好地完成整个的课程设计。递进式课程设计模式不同于以前单个课题的课程设计，要求教师既要具有多学科的理论知识，又要有较强的工程实践能力，并要求教师有极大的创新性和应变能力。

递进式课程设计模式是由单一到整体、螺旋递进的课程设计的新模式，为实现知识—能力—素质的转化架起了“桥梁”，使学生更好地将理论知识与工程实际相结合，能够在工作中具有较强的解决实际问题的能力。

6.5 弹性化实践教学体系

6.5.1 实践课程体系

实践课程体系贯彻 COOP 教育理念，采用校企合作的形式，边学习边实习，注重理论知识联系实践。实践课程体系按照职业成长规律和教育认知规律，采用弹性化设置（表 6-1），学生的实践实习将不再占用学生的在校时间，只需教师发布实习要求，学生利用寒暑假的时间，自由弹性化地去完成即可。

实践课程体系设计　　**表 6-1**

学年	假期	实习性质	实习内容
第一学年	寒假	认识实习	入门学习，企业参观，学会模仿
	暑假	认识实习	市场调研，入门与实践，基础构件认识
第二学年	寒假	生产实习	专题内容学习
	暑假	生产实习	项目设计，学会设计
第三学年	寒假	顶岗实习	创新创业团队实习
	暑假	顶岗实习	毕业设计市场调研
第四学年	寒假	毕业设计	毕业设计资料搜集与整理

针对专业课程不同阶段对应的“认知能力—基本能力—核心能力—综合能力”培养过程，根据学年设置认识实习、生产实习、顶岗实习与毕业设计四层次递升人才培养模式，加强对学生的教育，加快本专业学生从入校门到就业专业知识的学习。

认识实习是学生在专业课开始时的重要实践教学环节。要求学生充分利用大一的暑假和寒假时间开展认识实习，选择有代表性的建筑企业参观实习，了解实习场地的建筑类型，了解项目的性质、规模、建筑结构特点和施工条件，了解不同机械设备的操作范围和程序，了解建筑材料、建筑结构、施工机械、施工技术，熟悉项目管理体系，为学生今后从事项目建设和管理奠定实践基础。

生产实习是随着专业课程的学习深入，通过边学习边实践的模式，以技术员、预算员、管理员等身份参与到部分生产活动中，是提高专业创新能力、动手能力、专业素质的关键途径和手段之一。它能使学生巩固所学理论知识，获得本专业初步的技术和管理知识，为后续专业的课程增强感性认识，能紧密结合生产实践，深化和拓宽学生知识结构，无论是对学生工程技术能力的培养还是创新能力的培养，都起着至关重要的作用。利用大二寒暑假实习，要求学生走进工地，根据自己所学的专业课知识去验证所学知识，实习内容包括专业技术训练，如模板支护、钢筋翻样、定位放线、现场施工与质量检查等，同时也有项目管理、工程估价和工程招投标方面的实习操作训练，如：编制单位工程施工预算（工料分析）、单位工程施工图预算、制定项目管理实施规划、编写招标文件、编制投标文件等。学生可以根据实习单位的具体情况进行实习工作，并让学生针对此次工作提出建议和设想，从而使学生养成良好的学习习惯和创新思维，将学生从被动学习状态发展为自主学习状态，融会贯通所学的知识，在驾驭知识的基础上提高分析问题、解决问题的能力。

顶岗实习是一种实践教学模式，在基本完成教学课程后，去专业对口单位直接参与生产过程，综合运用所学知识和技能，完成一定的生产任务，掌握操作技能，学习企业管理，规范职业道德，培养正确的工作态度。大三的夏季和冬季实习要求学生真正进入工作岗位，在实习中承担一定的工作，并了解工作过程和任务内容。

毕业设计作为本科阶段最后的综合性实践环节，是对大学四年理论与实践的综合运用，也是培养和提高本科生能力与素质的关键性环节。毕业设计（论文）一般在大四下学期，导致学生没有充分时间准备毕业设计（论文）的选题，将毕业设计（论文）选题时间提前至大四寒假，学生可以在假期进行毕业设计资料的搜集与整理，能加深对所学知识的理解程度，有助于理论知识与工程实践的有机结合，提高根据实际问题的需要进一步学习、掌握并应用新知识的能力，为毕业参加工作或者进一步学习深造打下良好基础。

6.5.2 创新实践课程体系

除了必须设置的专业项目外，也要鼓励学生参加课外项目，如大学生创新创业大赛、科技创新竞赛、户外拓展项目、朋辈互助学习项目等，对照专业标准，构建全方位立体化的人才培养体系，实现对于学生整体素质的培养。

在“大众创业、万众创新”的背景下，高校也更加重视大学生创新创业素质的培养。教育部在《关于深化中央部门所属高校教育教学改革的指导意见》中提出，创新创业教育应被视为全面提高高等教育质量的内在要求和应有之义，对专业人才培养方案应进行修订，创新精神、创业意识和创新创业能力也应被视为评价人才培养质量的重要指标。与此同时，由教育部和共青团中央主办的创新创业类竞赛，如“互联网＋”大学生创新创业大赛、“挑战杯”全国大学生课外学术科技作品竞赛、全国大学生数学建模竞赛等，也在各高校如火如荼地进行。此外，许多国内软件开发公司与住房和城乡建设部及其下属部门和高校合作，为大学生课外创新活动提供了更多机会，极大地拓展了他们的创新和创业视野。

创新实践课程体系，已经计入学分，学生的参与积极性较高。创新实践课程体系，借鉴“创客”的形式，学生根据自己的兴趣爱好确定选题，组建创新团队，成员不拘泥于专业、学院，甚至可以是不同学校。学生在完成项目中，对所学知识进行综合运用，还需要自学一部分知识，再灵活使用创新课程提供的方法，最终呈现一个团队作品。通过创新实践活动，学生可以自由组建团队，根据自己的喜好开展小组工作，学生可以分组锻炼，充分发挥自己的优势，提高自己的能力。由于许多大学生长期以来重视书本知识而忽视实践能力的锻炼，所以他们的组织和协调能力没有得到系统的培养，他们在创新实践活动中或多或少会学到一些东西。如何成为团队中的领导者以及如何自我要求，是书本或课堂老师无法用语言传授的知识。通过创新和创业活动，学生可以提高对现有课程的学习兴趣，使学生对该专业有更深入的了解，对该专业的发展方向有一定的了解，并为未来的研究打下坚实的基础。

根据 CDIO 教学大纲的 12 条标准和工程管理专业的专业特性，制定了包括平台课程、模块化专业选修、三级项目设计和弹性化实践教学体系以上四个方面的教学方案，使得工程管理专业的学生能够在从进入大学到就业的这段时间内能够全方面地提升自己的学习能力与职业能力。

第7章 确定课程、内容及档案资料管理

所有知识的学习、能力的掌握、素质的养成最终都要通过具体的每一门课的教学来完成，课程内容的集成与整合，每节课的教学设计、教案、课件以及教学档案，教学实验安排与完成，三级项目的任务与计划等，细化到每一个知识点的掌握要求、教学方法、测试与考试等，将每一门的教学目标组合起来，就构成了整个专业的培养目标。

7.1 课程内容确定

为适应新时代产业对于（土木）工程管理专业人才的需要，课程改革通过“问技术发展改内容，问学生志趣变方法”，开设如图6-4所示的主干课程。课程内容是课程的具体表现，课程教学内容要根据培养要求确定，要体现工程管理专业的实用性、先进性与前瞻性。

课程内容的实用性，体现在与现阶段工程管理需要的专门人才具备的技能相匹配上，在课程中要介绍建筑业的工程技术知识、读图识图知识、成本构成知识、造价管理知识、法律法规知识等专业的常用知识，同时结合执业资格考试的内容丰富教学内容。

课程内容的先进性，表现在建筑信息化技术与互联网技术的深入与普及，这代表了目前建筑业发展最先进的方向，工程管理的信息储存与传递也发生了改变，BIM技术作为先进技术的代表，要体现在教学内容中，从BIM建模、碰撞检查，到BIM计量、计价，再到整个过程的BIM管理模式，都要在课程内容中体现，这不是一门课的升级，而是整个专业教学内容的升级。先进性的知识带来的不仅是知识的更新与升级，而是劳动工具、工作方法、合作方式、职业规范的变革。

课程内容的前瞻性，大数据、智能建造等技术代表了未来的方向，BIM

技术产生了大量的数据，就延伸出如何利用数据的思考，进行数据挖掘、处理与应用将带来建筑业发展的无限可能。在教学内容中，融入数据思考方式、数据处理、智能化等方法，将会引领工程管理专业未来发展。高校教师所做的科研成果都具有前瞻性，在教学过程中，将自己的科研成果与科研方法传授给学生，激发学生进行科学研究的兴趣，提升学生的知识水平与学术水平。

"企业是创新的主体"，实用、先进的技术往往掌握在企业，专业发展要与企业多联系，共同形成产业联盟协同育人。高校根据产业需求与企业反馈调整培养目标，能够持续改进课程内容，通过从企业聘用经验丰富与专业水平较高的工程师或者技术专家给学生开设讲座，弥补课程内容更新周期知识滞后的不足。

7.2　课程标准制定

7.2.1　课程性质与任务

为了提高教学质量，明确教学目标，确保学生能够学习扎实的专业知识，具有较高的道德素质和个人能力，培养高素质、高水平、适应社会发展需要的优秀专业人才，每一门课都必须明确制定课程标准。课程标准是明确课程在专业中的性质、地位、目标、内容框架、评价方法，提出教学建议和评价要求的规范性文件，是组织教学、选择教材、评价的基本依据，是加强课程建设、实现人才培养目标的重要保证。课程标准具有很强的目标指向作用和标准作用，它是教师开展教学工作的指南，也是评价教学质量的依据和标准。课程标准不但应该指导教师的"教"，而且应该指导学生的"学"。认真执行课程标准有利于建立正常的教学秩序、提高教学质量，是加强教学管理的重要内容。在课程标准中明确课程基本信息，包括学分、理论学时、实验学时；课程内容及要求，包括教学项目、教学内容与教学要求、教学设计建议和课时等。

7.2.2　课程教学目标

课程目标是学校培养目标在教学过程中的具体化，是指导整个课程开发过程的关键标准，要从课程的角度为人才培养设定具体的目标和质量要求，是课程标准的重要组成部分。结合专业培养目标，提出课程的预期目标，包括知识、能力和素质目标。

知识目标是课程目标的基础要求，学生通过课程学习，要具有人文社科的基础，并能综合运用专业相关学科知识和专业核心知识解决复杂问题，主动学习，拓展扩充专业知识以及专业领域以外的其他知识等。

能力目标是课程目标的核心，知识学习的最终目标是提高能力和解决实际问题。教育改革和社会市场需要多样化的技术人才，社会不仅需要传统意义上的学术和工程人才，还需要技术和技能人才，因此在课程教学过程中提倡"能力本位"是一种理性使然，也是高等教育与现代经济生活的一种联系和呼应。能力目标要求有独立学习、选择和分析、思考和判断、研究、开拓创新、组织和协调、与团队合作以及社交和应变，具备基本的专业能力。

素质目标是课程目标的最终目标，素质在获取知识和提高能力方面起着主导作用，课程标准要明确课程要培养学生的综合素质。课程是人才培养的载体，课程的素质培养目标要结合专业的素质目标，注重学生的道德素质、专业素质与身心素质。将全面发展的德、智、体、美的总体要求和社会主义核心价值观的相关内容也要融入课程，转化为具体的品格和能力要求，进而贯穿课堂知识，培养在实践中能够理解并遵守的职业道德和规范，具有人文科学素养和社会责任的高素质人才。

7.2.3 课程考核

课程考核是促进学生学习、激发学习动力、促进学生进步和鼓励学生创新的手段。考核方法不仅关注结果，而且过程也是关键，采用过程性评价与结果性评价相结合、理论与实践考核相结合、教师评估、社会评估与学生自我自评、相互评价相结合的方法。过程性评价贯穿于整个教学过程和各个方向，主要评价学生的学习态度、学习方法和学习能力。在平时的学习过程中，建议将学生分成学习小组，并分配一些相对独立的课程知识点，这样学生可以自己查阅资料，组织讲解内容，甚至录制视频来进行讨论。讨论课的表现也应该被视为过程评估的重要内容。

7.3　学生学习特点

信息化技术的发展，影响我们生活的同时，也影响着学生的学习方式，教学方式也应当根据学生的兴趣来改革。分析学生的学习特点，根据学生的特点来选择教学方法。

(1) 在“互联网+”时代背景下，网络已与我们的生活密不可分，让每一个人都成了互联的对象，并渗透到方方面面。互联网的发展带来知识爆炸的同时，但也带了很多的诱惑，网上有大量的无用信息消耗着人们的精力，耗费在网络上的时间过长，导致人们的思维渐渐僵化。在2015年《政府工作报告》中，对于阅读书籍一事，李克强总理就表示“中国人的阅读量不足某些国家的1/10”让人深思。这也让我们深刻意识到互联网时代带来的阅读与学习的缺失。

(2) 手机成为学习与生活的主要工具。学生在手机上基本都安装有几个进行专业学习的软件，课后学生可以通过视频课程的形式自学；与课堂教学有关的APP，现在很多学校都开发了在线学习的APP，链接课堂与移动终端，学生可以提交作业、互动、保留学习记录等内容；也有一些辅助课堂教学的公众号，如雨课堂、微助教等公众号；大多数还是娱乐与生活的APP居多，像微博、微信、QQ等，这些APP涉及的知识面比较广，学生在这些内容上耗费的时间比较多。学生只要想学习，随时都有学习的机会，实现了泛在学习的理想，但同时学到的一些知识也呈现碎片化的特征，无法形成一个系统性的体系。

(3) 现阶段高校内的学生基本都是90后、00后年轻一代，自信张扬，思维开阔，但缺乏正确的价值观的引导，易思想偏激，心理素质较差；想法独立，个性鲜明，但缺乏创新意识和沟通合作的能力；学习新鲜知识和新鲜事物很快，勇于尝试和接受挑战，但缺乏实际工作的实践机会，理论不能联系实际，这与现阶段的教学模式不适应。

总结来看，现阶段高校学生最主要的特征表现为：①在网络上了解各方面的信息，思想成熟较早，知识面比较广；②追求个性化的学习、生活和娱乐方式，希望有更多兴趣类的课程去选择；③更希望表达自己对事物的一些看法与建议，希望有人倾听并能够认同，表现出 90 后、00 后多为独生子女的个性化与独立化。因此，教师的教学方法需要有一个质的改变。

7.4 教学方法

7.4.1 信息化教学方法

随着信息化教学方法的普及和应用，在教学方面产生的影响不能再被人们忽视，例如信息化平台课程的应用可以实现教学改革的三个转变：

（1）从以教为主转变为以学为主；

（2）从以课堂教学为主转变为课内外结合；

（3）从以结果评价为主转变为结果与过程相结合。

这种教学方法在授课过程中，除了鼓励学生在课前和课后学习中能应用各种自带设备进入网络教学平台营造的教育场景参与课程学习，在课堂教学中也允许学生带手机等移动客户端，在课堂通过网络教学平台进行学习，形成课堂教学与互联网相结合的模式。学生通过移动设备终端来获取知识和参与教学，并充分利用其携带方便的特点来延展课堂。学生通过自带设备的辅助，可以不受时间、地点、设备、人员、网络环境的限制，实现泛在教育的理想，即杜威的学习理论教育即生活，“未来的教育，可以做到在任何时间，在任何地点，以任何方式，从任何人那里学习”。

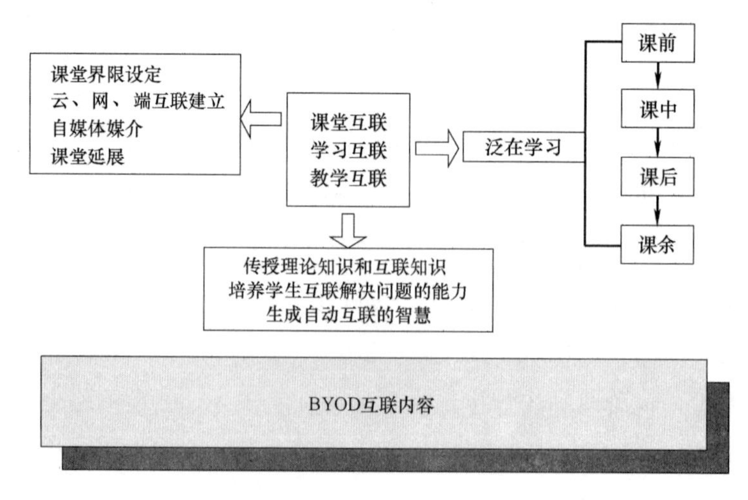

图 7-1　BYOD 教学模式

对于信息化教学，有着这样两个相关概念，而我们通过他们以及相关内容分析将能更深刻地理解这种信息化的教学模式。混合式教学模式是基于物质系统的条件，通过人力系统内各要素间的交互，对智能系统进行一体化适配。BYOD 是 Bring your own device 的缩写，通常翻译为“自带设备”，是指学生在学习环境中使用自己携带的笔记本电脑、平板电脑、智能手机或其他移动设备的做法（图 7-1）。

BYOD 互联的内容分为三部分：课堂互联、学习互联和教学互联。教学模式以学生的学习为中心，教师是教育过程的指导者和构建者，对课堂界限进行设定。通过借助互联网、云平台和大数据等载体，对云、网、端进行互联建立，对传统的课堂进行延展。学生的学习形成一种泛在教育的模式，不再局限于课堂，还延展到课前、课后和课余。学生需要掌握的内容，也从理论知识扩展到互联知识，学生能互联解决问题以及能生成自动互联的智慧。

BYOD 四段四阶混合式教学模式的四个关键要素是：学生、教师、自带设备（BYOD 互联网信息化技术）、学习系统（图 7-2）。其中，学生是使用自带设备开展学习活动的主体，教师是学生使用自带设备的指导者，自带设备作为教学工具，学习系统作为资源支持，构建泛在学习和 E-learning 的教学模式。学生的学习阶段划分为课前、课中、课后和课余，实现从准备性学习、深度学习、总结性学习到拓展性学习。教师的主要任务是设置每堂课的教学目标，组织互联教学活动。

BYOD 的混合教学模式，学生使用自己的移动设备，通过自己的主动学习、获取知识，不再仅仅依靠教师作为“中间人”来传播知识，也不局限于教科书中呈现的静态信息。同时，学生也可以在移动设备终端上以文本、视频或音频的形式与教室外的学习者合作，将教室内抽象的静态概念和理论知识与教室外具象多变的现实世界紧密结合，并通过学习者之间的合作获得自己对知识的理解和重新创造。学生成为学习活动的主宰者，教师也由知识提供者变成学习活动的向导。他们还在指导学生学习的同时参与课堂活动，完成从单向知识生产到双向输出和传递的飞跃，并在教学过程中实现师生的双赢。

7.4.2　任务驱动教学方法

任务驱动教学法是以学生为中心，教师设计一个任务，创建任务完成的教

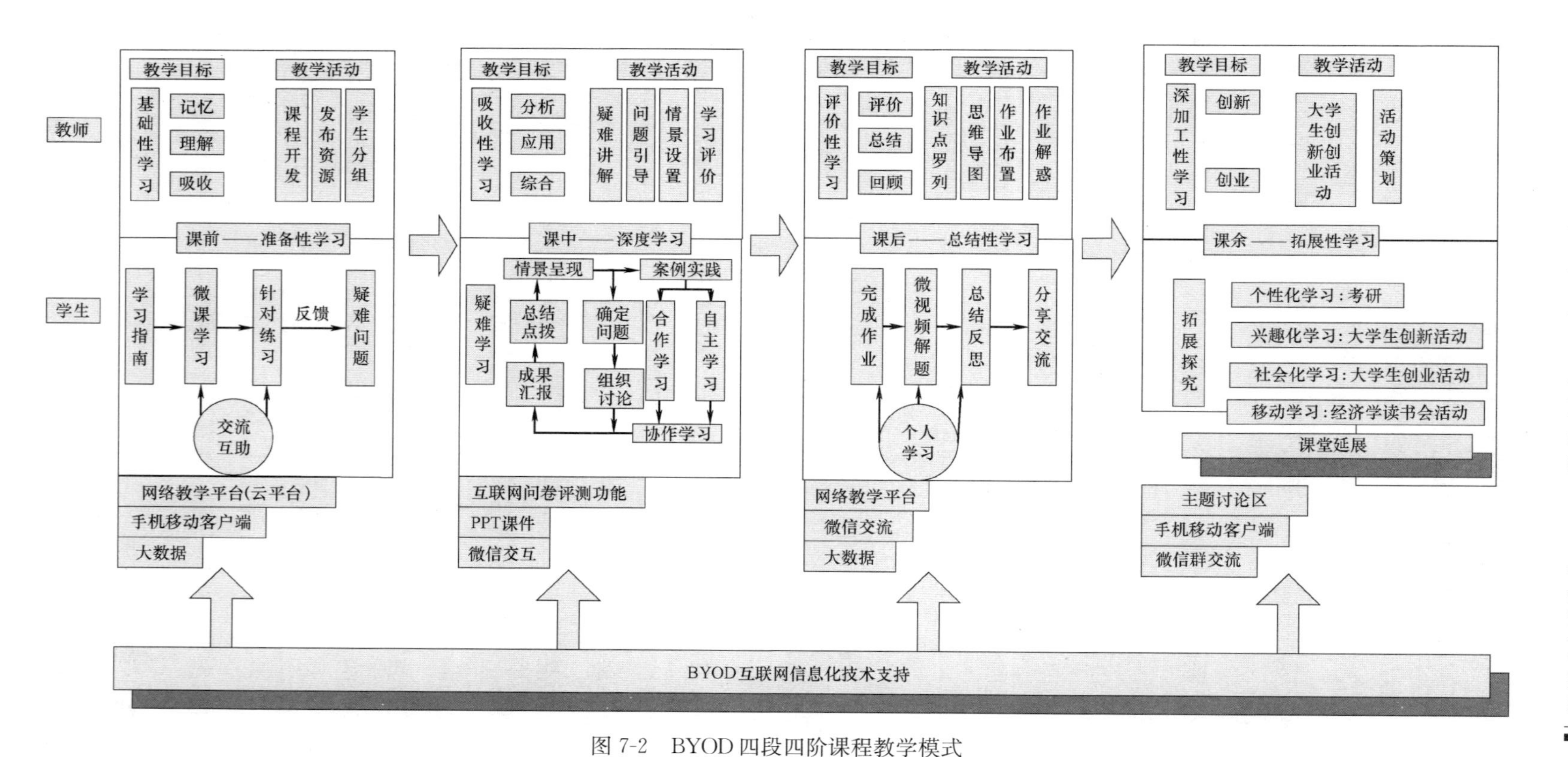

图7-2 BYOD四段四阶课程教学模式

学情境和目标，学生带着真实的任务在探究中学习，学生在学中练、练中学，从简单到复杂，从单一方法到综合方法的应用，让学生掌握所学的知识。在强烈的问题动机驱动下，学生积极应用学习资源进行自主探索和互动协作学习。

学生根据自己对当前任务的理解，运用所学的知识和经验提出方案、解决问题，一个接一个地完成驱动的任务，学生获得了成就感。学生学会了将课程知识与碎片化知识相结合，来完成课程任务，完成任务的过程将碎片化的知识进行系统梳理及应用。

从教师的角度来看，将传统的传授知识的教学理念转变为解决问题和完成任务的多维互动教学理念，为学生思考、探索、发现和创新提供开放的空间，使学生处于积极的学习状态。从学生的角度来看，学生在整个学习过程中将继续获得成就感，这将极大地激发他们对知识的渴望，并逐渐形成感知心理活动的良性循环。

7.4.3　思维导图教学方法

思维导图教学法是将所学的知识通过思维导图的方式建立联系，将碎片化的知识建立系统的知识体系的教学方法，让学生在学习过程中“既见树木，也见森林”。这种简洁的知识体系将知识点梳理得更加清晰明了，将碎片化的知识点通过思维导图的方式进行整合，帮助学生理解碎片化的知识点，避免忽视或是漏掉零星知识点，大大提高了学习效率。

思维导图分为每堂课的思维导图和每章节的思维导图，每节课思维导图的教学方法是在下课前几分钟，老师要求学生对本节课的内容进行梳理，整理出每堂课知识点的思维导图，还要求学生列出对本节课掌握得最清晰与最模糊的知识点。学生在这种学习方法的引导下，能够清楚地把握这节课学习的思路与重点，还能够反思自己在本节课中对哪些知识点掌握得不足，以便在课下自主学习或是与同学讨论，完成对所有知识点的掌握和巩固。

章节思维导图在每一章结束后对章节内容的整理，总结出每一节内容的思维导图，以及清晰点和模糊点。可要求学生作为课后作业，对当前章节所学知识点的思维导图进行绘制，可以让学生更好地理解当堂课所讲的知识，给学生建立起一个完整的知识体系，方便学生在日后对知识点进行复习。

教师通过查阅学生的思维导图可以了解到学生在课堂上的学习效率、学生容易理解的知识点与学生不理解的知识点，以便在下一堂课上着重回顾大多数学生整理的重点和难点，在提高课堂效率的同时，还可以帮助同学们解决知识点上的疑惑。它还可以帮助教师进行教学反思，使教师做出符合班级教学模式的调整。相对于灌输式的传统的教学方法，这种思维导图的教学方法以学生为中心，教师作为学生学习上的指导，能够使学生与教师从全局的角度看待与思考问题。

7.5 教学档案管理

为了保证教学内容与教学质量的连续性和持续改进，每一门课程需要具有完整的教学档案。教学档案是教师历年任课工作量、教学态度、教学水平、教学效果、专业进修、教学研究成果以及学期教育计划、课程教案、课程反思、课程延伸等基本情况的重要历史记录。教学档案的归档范围是：凡是在教学活动中形成的具有保存价值的文件、资料、照片均属归档范围。

教学档案主要内容有：

（1）教学计划、教学大纲、课程标准和课程 PPT。

（2）学期授课计划、课表、教师信息、教师日志、学生出勤情况表、成绩登记表。

（3）教学参考资料。

（4）教学工作计划、教学工作总结，以及教学工作中的典型材料。

（5）自编教材、补充教材、教学案例、习题等。

（6）学生花名册。

（7）学生的作业题目。

（8）学习情况调查问卷，调查结果分析（视不同课程而定）。

（9）关于学生实习、毕业安置的各类材料。

（10）考试试题及标准答案。

（11）实验报告及评分标准与说明。

（12）学生的学习成果：作业、小测验答题、考试答题、实验档案、设计项目档案。

（13）课程学习目标的评估及分析，教师反思报告。

（14）教师编写著作、教师发表论文情况、参加科研项目情况。

（15）其他在教学中形成的重要文件材料。

教师通过教学档案袋的建立，可以系统地设计教学计划、教学目标，实施教学测评，进行同行合作和教学反思，与此同时，教学档案袋的建立也将让学生受惠，使学生学习更加连贯、系统，特别是教师对每位学生进行课堂需求分析后，学生的专业学习将不再盲目。

教学档案是教师非常重要的教学资料，是学科专业建设与发展的历史见证，也是衡量高校教育教学质量、科研学术水平和管理水平可靠的第一手资料。它不但能作为工程专业认证的重要支撑材料和依据，当改变课程授课教师的情况下，也不会因换人而影响教学质量。教学档案的建立和信息化管理对课程教学与学习、专业认证都发挥着重要的作用。教学档案的规范化管理，形成了教学档案收集、管理和利用的良性循环，使教学档案更好地为教学、科研和管理服务。

这一阶段的工作是非常具体的教学活动，在教学活动的各个方面设置了具体的条件，并完成了新工科升级改造的着陆阶段。不仅充分调动了教师的课堂积极性，提高了教学质量，而且培养了学生的学习兴趣，提高了学生的整体文化水平，使教师的劳动成果获得了更高的回报。在教学活动过程中，我们应该确保教学文件的完整性和连续性，以确保教学质量的连续性和持续改进。作为工程认证的重要支持材料，教学档案还可以确保教师更换时教学质量不会受到影响，为培养高素质的专业人才做好保障。

第 8 章　持续改进教学质量保障体系

专业的持续改进需要有质量保障体系，现有的工程教育质量保障有教育部层面的、学校层面的教学质量评估与保障制度，也有工程教育专业认证制度，每个专业也有自己的专业质量标准。新工科升级改造后，培养目标、毕业要求都进行了升级，工科专业质量培养标准也相应升级。在制定专业标准时“问国际前沿立标准”，研究本专业国际技术发展的前沿，提炼本专业人才需要具备的新知识、新能力、新素质；研究新政策与新标准，制定具备地方特色满足产业需求并高于国家标准的专业标准。

专业质量保障要落实在专业层面的日常教学活动与管理中，定期进行评估检查，每位教师与行政人员都自觉执行质量保障措施，每堂课、每个教学环节、每份教学档案都要规范标准，教学过程数据档案完备，运用数据信息管理与过程控制的手段持续改进教学质量，保障新工科专业人才培养的质量。

8.1　质量监控评价机制

8.1.1　质量要求与质量评价

建立校、院两级教学过程质量监控机制，制定各主要教学环节明确的质量要求，定期开展课程体系与课程质量评价。建立毕业要求达成情况评价机制，定期开展毕业要求达成情况评价。

为持续推进工程教育教学质量的改进，培育出更加优秀的毕业生，将着力开展新的教学工作：逐步建立教学过程质量监控机制，即保证各主要教学环节有明确的质量要求，定期开展课程体系设置和课程质量评价工作；逐步建立毕业要求达成情况评价机制，定期开展毕业要求达成情况评价。在建立完整的教学管理系统的基础上，建立校、院两级教学过程质量监控机制，实施“监测控制—评价分析—持续改进”的动态机制，以此确保毕业要求达成和培养目标的实现；对主要教学环节均建立与毕业要求相关联的质量标准，规定明确的质量要求，建立以教学质量监控和课程质量评价为核心的毕业要求达成度的评价机制，定期开展面向产出的课程体系合理性评价和课程质量评价，并将评价分析结果用于各教学环节的持续改进过程中。以1年为周期开展毕业要求达成情况的综合评价，对评价结果进行深入分析，并将评价分析结果用于各教学环节的持续改进过程中。

其中建立的校、院两级课程质量评价模式分别是：校级课程质量评价以校级教学管理文件为准则，从校级教学督导组听课着手，以综合教务管理系统中的“专家、同行、教师、学生”的课程评价和课程成绩分析为方式，对课程质量实施准确评价分析；院级课程质量评价主要采用学院领导和教学督导组听课、同行评教、教师评学、学生评教以及期中教学检查的方式，对课程质量实施监控，课程教学结课后，任课教师根据学生的表现、作业、实验、试卷分析等情况对课程教学目标达成度进行综合评价和分析，并将结果纳入院级课程质量评价中。

以提高教学质量和教学管理水平为目标，深入推进教学改革，实现科教融合、资源共享，坚持以本科人才培养工作为核心，提升本科教学质量并持续改进。在长期教学工作基础上，综合分析和总结教学质量监控体系的运行数据成果，对各主要教学环节制定明确的质量要求，以保证教学工作的质量和水平。

专业教学的各个教学环节的质量，主要由本科教学质量监控体系来保证，监控与评价的主要内容有：课前教学准备质量监控与评价、课堂教学质量监控与评价、课外教学质量监控与评价、实验教学质量监控与评价、实习教学质量监控与评价、课程设计教学质量监控与评价、毕业设计（论文）教学质量监控与评价。教学环节各部分的内容应分别包括质量要求和考核责任、考核依据、考核周期、结果与相应的改进措施以及形成的文档记录等方面，最后把各部分内容与其质量要求以表格的形式列出并给予明确的表述。

8.1.2　质量监控机制

教学过程质量监控机制的架构应由“校长→主管教学副校长→教学工作委员会→教务处”为校级管理，“院长→主管教学副院长→教学管理办公室→系主任”为院级管理的两级教学管理模式构成。学校负责宏观调控和管理，学院负责具体的教学管理、教学实施和监督检查，做到分工明确、责任到人，保证了专业各项教学工作的顺利进行和教学目标的实现。

教学过程质量监控机制及其评价标准的建立主要从以下几方面着手：

1. 课程体系设置和评价修订机制

课程体系设置主要依据教育部教学指导委员会提出的培养目标和培养要求，基于专业类别、人才培养规格特点、办学历史和条件等，结合专业评估和专业认证的相关要求，结合行业、区域经济发展需求和教育部对相关专业卓越人才培养等要求进行顶层设计。

课程体系修订的工作要点：①学院成立院系领导小组和专业工作组，具体负责课程体系的修订工作；②院系组织召开专业论证会议；③修订的过程中要进行详细的调查研究，广泛征求学科内所有教师和校内外专家的意见。

2. 课程标准的制定和审查机制

课程标准的制定和修订是依照学校教务处安排，根据国家各级专业教学指导委员会或各课程教学指导委员会提出的课程教学基本要求、专业与教学评估要求，依据专业培养方案，对所有课程的教学大纲及时制定和修订。课程标准需经系教师集体讨论和系主任、课程建设负责人签字、专业建设负责人审定，经院级教学工作委员会和主管教学院长审查，报教务处检查、学校教学工作委员会审批后方可执行。其中专业建设负责人对本专业的所有大类基础、专业核心和专业方向课程、所有实践教学环节的教学大纲进行审定。

3. 课程教学过程监督检查机制

教学质量监控体系实行校院两级管理。以系和实验中心为基础教学单位、学院为组织实施主体、教师与学生共同参与、学校为主导的四方联动的全过程管理。教学质量监控的主要实施方式有听课制、检查制、评教评学制以及质量跟踪。

学校教务处负责全校性本科教学质量相关信息的收集、汇总、分析、反馈工作。学院教学院长、教务员（教学秘书）具体负责本单位教学质量信息的收集、汇总、分析、反馈工作，并按学校相关要求做好教学质量信息反馈工作。

4. 课程考核方式和内容审查机制

课程考核方式主要根据课程的性质与特点，可分为学生平时学习成绩（作业成绩、阶段或单元测验成绩、实验和实习成绩、答疑和质疑成绩、出勤与上课表现等部分或全部内容）、课程设计（论文）成绩、期中和期末考试成绩、学科竞赛与社会实践成绩等，对以上成绩进行综合评定，以正确反映学生平时学习情况和最终学习效果。

课程考核内容审查机制为：由系主任审查考试命题难度、分量、题目设置、分数分布、知识覆盖、与教学目标符合程度等情况，对考试命题质量全面负责。课程考核内容的审查结果和修订意见，由系主任提出，学院审定后在学院备案，任课教师参照修改。

8.1.3　毕业要求达成情况的评价机制

毕业要求达成情况的评价机制是以现行本科人才培养方案为基础，基于已完成全部培养计划的应届毕业班工程管理专业学生作为评价对象，参照工程管理专业毕业要求组成评价小组，对学生 12 条毕业要求分解成的多个指标点进行毕业要求达成度定量评价的综合性评价机制。评价机制依据每门课程考核材料和应届毕业生问卷调查材料，包括课程试卷、作业、课堂表现、课程设计报告、实验报告、实习报告、毕业设计（论文）和应届毕业生的问卷调查表等材料，对本专业毕业生实施直接评价和间接评价两种评价机制。其中，直接评价机制用于课程达成度评价和毕业要求达成度评价；间接评价机制则作为直接评价机制的补充，通过收集应届毕业生对各毕业要求指标点的问卷调查结果，综合分析毕业要求达成度评价结果。按照“工程教育认证通用标准”要求，毕业要求达成度评价周期为 1 年，课程达成度评价周期为 1 年，综合分析毕业要求达成度评价结果。

基于上述评价机制，毕业要求达成情况的评价方法主要分为直接评价方法和间接评价方法两种。其中直接评价方法是基于直接评价机制，依据数据源分为课程考核分析法、评分表分析法和课程平均成绩法，间接评价方法是基于间接评价机制，依据应届毕业生的问卷调查数据进行评价。最终，由工程管理专业毕业要求达成度小组依据学校现行教学管理体制、课程考核流程、学生课程（包括实践性教学环节）成绩分布状况及学校对课程及实践性教学环节的实际要求，确定本专业毕业要求达成度标准。

学院工程管理专业毕业要求达成度评价小组要以最新版人才培养方案为基础，针对12条毕业要求的多个指标点，每个指标点抽样2～5门强支撑课程分配权重值开展毕业要求达成度定量评价工作。以直接评价方法为例，为了统一计算毕业要求达成度，经工程管理毕业要求达成度评价领导小组研讨后，对于学校安排的公共教育课程，可以按照课程考核平均成绩计算达成度评价值。

简言之，毕业要求达成情况评价机制的运行主要从毕业要求达成度评价机制展开。将人才培养的12条毕业要求进行指标点分解，依据指标的内容选择课程体系中的课程作为支撑，利用直接评价方法的3种方法（课程考核成绩分析法、评分表评价法、课程考核平均成绩法），依据考试的试卷、实习的成绩单、公共课的成绩单等评价依据，经过任课教师与学院的评价小组为期1年的评价，分别于学期课程结束后进行课程评价，依据课程的标准，每个指标点达成，评价结果就是每条毕业要求的达成情况。

8.2 质量反馈评价机制

8.2.1 毕业生跟踪反馈

通过对已经毕业的学生进行跟踪调研，定期考核专业培养目标的实现情况，构建毕业生跟踪反馈机制。一方面毕业生反馈的信息可以作为专业进行改革的重要基础资料，学生作为教育的亲身体验者，从学校到工作岗位，接受市场的竞争与检验，感受到自己的优势与不足，是对教育培养过程最真实的反馈，进行这种反馈对于专业发展非常有必要。另外一方面是高校专业检验办学质量的评价手段，通过追踪毕业生的就业情况、职位晋升状况、用人单位对毕业生质量的认可度以及毕业生对母校的评价情况，来提高专业的办学水平与可持续发展。

毕业生跟踪反馈机制建设的目的主要是从毕业生的视角评估分析培养目标的达成度情况，通过对反馈意见的分析及应用，实现培养目标的持续改进。跟踪机制主要包括跟踪对象、跟踪方式和跟踪内容三个主要部分。跟踪对象是毕业生，对部分毕业生定期进行专项调查，也对部分毕业生进行不定期非专项调查；跟踪方式有外出走访、返校座谈、问卷调查、电子信箱等多种调查方式；跟踪内容包括毕业学生本人对专业培养方案和结果的社会适应性、竞争性评价。

8.2.2　社会评价机制

通过对除学校以外的利益相关者的调研，定期了解社会、市场对专业的评价及对人才的需求，评估专业办学的情况，构建社会评价机制。社会与教育相依相存，教育的目的是为社会培育有用的人才，教育的发展需要社会力量的支持与参与，社会力量也以各种形式参与高校专业的评价。高校专业开放办学，加强与社会的联系，接受的社会评价越多，越能适应市场的需要，从而增强专业的动力与活力，促进专业的自我检查与自我调节，最终持续改进专业办学质量。

高等教育系统以外的社会评价机制建设的目的主要是从用人单位和社会企业相关者的视角评估培养目标的达成情况，通过对反馈意见的分析及应用，实现培养目标的持续改进。为此，学校需建立相关的社会评价与社会反馈机制，规范社会评价的一般过程、主要内容和方式方法等，并形成常态化的社会评价反馈运行机制。社会各方参与评价的方式一般有：①定期对高校所培养的人才的社会相关者——用人单位、企业进行走访、问卷调查等，对毕业生的能力进行评测汇总，分析评价培养目标的达成度，得到专业培养改进的持续反馈意见；②根据教育部门或有关社会机构总结的社会需求与培养质量年度报告，对教育目标、培养计划进行改善调整；③邀请兼职教师、校外同行等其他社会相关者，积极参与人才培养计划的质量评价。以此形成一个较为全面的、可持续的社会评价机制，提升人才的整体素质和专业技术能力，完善教育质量评价体系，也为专业教育质量的持续改进提供充分有力的动力。

8.2.3　培养目标达成度评价机制

学校自评与社会评价综合考虑，构建专业人才培养目标达成度评价机制，包括对往届毕业生、用人单位、第三方公司、应届毕业生、主管部门等。通过培养目标达成度的评价机制，为专业发展提出切实可行的实施措施。

1）毕业生跟踪调查

制定毕业生跟踪调查制度，创建毕业生工作基本情况数据库，包括毕业生所在的专业领域、职业、岗位、职称、工资水平、工作经历等基本情况，毕业生做出自我满意度评价。通过毕业生跟踪调查制度，了解毕业生的就业质量、工作情况、晋升情况、职业发展、专业成就、工作稳定度情况等，掌握毕业生在工作岗位中对所学专业知识、技能、素质的运用情况，了解毕业生在业务适应能力、职业规范与道德方面的综合表现。毕业生跟踪调查制度，为专业的教育教学改革提供详细的参考意见，使就业管理工作科学化、制度化、系统化。

2）用人单位评价

为完善学校人才培养方案，提高就业服务质量，培养更加契合社会需求的高素质拔尖创新人才，对用人单位调查采取问卷调查、座谈、访谈等形式进行调查，主要调查用人单位对毕业生职业道德、政治素养、业务水平、综合素质与能力、职场竞争力等方面的评价。

3）第三方公司评价

所谓毕业生第三方公司评价就是由独立于学校的社会组织和机构对毕业生进行评价，毕业生的第三方评价能较好地体现评价的客观性、专业性。第三方公司评价，主要包括：①培养结果分析：毕业生就业竞争力、校友评价、素养、能力及知识分析、毕业生满意率、毕业生收入分析等；②培养过程分析：专业核心课程有效性分析、社团活动分析、求职分析等。

4）应届毕业生就业分析

通过统计分析毕业生一次性就业率、考研率，掌握用人单位和研究单位对毕业生的满意程度，了解工程管理专业学生毕业要求的达成度；通过对毕业生就业方向的统计，掌握专业培养方案、课程设置和实践环节的设置是否满足社会的需求，是否符合专业培养目标的预期。

5）主管部门的考评

接受教育主管部门和行业对专业的全面评估，主管部门对专业评估的信息进行汇总分析，判断培养方案是否合适、培养目标是否实现。根据主管部门的反馈意见来完善培养方案，进行教学改革。

培养目标达成度评价工作为培养目标、课程设置、教学资源的配置及综合性教学改革提供了强有力的支撑，对于深化工程教育教学改革，提高教学质量，实现工程教育的培养目标有着重要的促进作用。

8.3 持续改进

通过评价机制的运行有助于对专业发展做出分析，可对人才培养与专业发展有积极作用，形成“机制建设—项目实施—评价反馈—机制改进与提升”的良性循环。重视毕业生跟踪调查与反馈工作，形成常态化的毕业生跟踪反馈运行机制，建立相关的社会评价及反馈运行机制，规范跟踪调查资料的发放、回收、归档及管理与分析工作，形成常态化的社会评价、反馈运行、培养目标达成度评价。评价结果为培养目标、课程设置、教学资源的配置及综合性教学改革提供了强有力的支撑，为教学改革的持续推进及人才培养质量的持续提升指明方向。

8.3.1 培养计划持续改进

通过收集毕业生及社会反馈意见并进行汇总整理，对培养目标、毕业要求的确定至关重要，对人才培养计划的制定、课程体系的设置、教学资源的分配、教学方法等方面进行持续改进，以提升教学质量及人才培养的质量。

培养目标的确定基本包括以下六个方面。①实践能力方面：实践课程的重要性与比重、时间安排，实践课程的形式，校企合作提升实践能力的途径等；②综合素质方面：综合素质的重要性、内容、方法及方面，职业素质培养的方法及途径等；③国际视野方面：跨文化交流的必要性，国际交流的能力等；④学生主动学习方面：学生主动学习的内在动机分析，学生自律能力的培养与加强；⑤建筑信息化技术方面：建筑信息化技术的发展现状，人才需求现状，信息化技术的类别、信息化工作内容的分解等；⑥执业资格方面：执业资格对于行业发展的重要性、考试内容，个人职业成长与规划等。

针对调研的结果，进一步改进人才培养的目标和模式，从原来培养专业型人才逐步转变为培养具有综合素质的工程科技人才，将持续改进培养方案和课程体系，满足应用型工程人才的要求。

8.3.2 专业持续改进

培养目标确定后，要落实到专业发展中，促进专业的持续改进，可以从以下几个层面进行改进：

（1）从学院层面，制定专业持续改进常态化，针对专业发展每年都要进行论证；建立听课常态化制度，邀请督导专家、领导听课，通过专家和领导对教师的授课情况进行记录与评价，促进专业教学质量的改进。

（2）从教师层面，建立教师课程教学目标实现评价制度，由学院学科负责人、学术骨干、教授和副教授组成，对授课教师进行教学评价，对评价较差的教师，学院专家提出改进意见和措施；教师评学，学生评教，教学相长，促进教学质量不断提高。

（3）从学生层面，尊重学生的感受，组织学生开座谈会，加强师生间的沟通，了解学生想法，将学生意见用于改进教学；通过与应届毕业生进行座谈，从学生角度了解学生毕业要求达成情况，以及学生对学校、学院、教师的业务能力和水平等方面的意见与评价；通过与往届毕业生座谈会及调查，每年进行一次，并在规定时间通过邮件、电子版、纸质版等方式对其进行问卷调查，对提出的意见和问题在专业发展中改进，实现持续改进。

（4）从社会层面，组织用人单位座谈和问卷调查，通过学校的“双选会”组织座谈会，并在规定时间通过邮件、电子版、纸质版等方式对其进行问卷调查；通过第三方调查反馈的意见，如麦可思调查公司对专业就业情况、薪资情况、专业发展等做出的客观评价，及时关注社会层面的评价，及时调整专业发展，提升专业的社会认可度。

8.3.3 教学与课程持续改进

教学过程与课程的质量对完成课程目标起着至关重要的作用，以课程标准规定的课程目标、教学方法、考核方法等作为基础，对课程教学过程与教学结果能否达到预期的教学目标进行合理性评价，判断课程的教学是否按照既定的目标进行开展，随时进行纠偏。

对教学过程与课程质量进行评价，界定组织管理结构及课程评价实施责任人的责任与权限，规范课程评价的流程、课程标准与方法、评价周期、评价结果的管理、存档与应用等问题。具体的评价环节包括每学期初教学质量检查、期中教学质量检查、学生信息反馈与学生教学评价和期末考试考察环节质量评价等。

教学过程与课程质量评价的结果用于教学课程的持续改进。教学过程质量评价与课程的质量评价都是从教学的过程中得出来的，最终的目的是要反作用于教学过程与课程的持续改进，以使教学过程与课程避开可能出现的错误与偏差。采取以下三个方面的措施：①对于在课程结束后未达成课程目标的同学，应当成立以该课程任课老师为跟踪联系人的帮扶小组，实施定向帮助，找出其存在的问题，为该门课程的后续学习提供一对一的指导，因材施教，力求通过补考或是重修的方式使全员都能够课程达标；②通过对试卷分析、教学过程质量评价（学生评教、专家评教）、教学方法、教学支撑材料等的综合分析，找出可能造成课程目标未达成的原因，然后通过课程教学组或教学委员会集体评价提出改进建议，再安排课程教学组进行改进；③对于教学委员会认定确实需要对设定的课程目标进行修订的情况，由该课程教学组提出具体修订方案，再由教学委员会审核认定，并在下一个教学年予以正式修订执行。

工程管理专业基于建筑信息化技术的专业升级，从融合创新工程管理工程教育范式的构建，到培养目标、培养标准、毕业要求的确定，再到课程体系的设置、课程档案的管理，最后质量保证体系的构建，能够实现培养目标、专业、教学与课程的持续改进。

第9章　总结与展望

本章是本研究的最后一个章节，将针对本研究的创新路径及可操作的内容进行总结。

9.1　工程管理专业新工科"六问"逻辑

对工程管理专业进行建筑信息化技术的新工科改造和升级，先从新工科提出的"六问"来进行思考，"拷问"工程管理专业的升级之路该如何走，构建如图9-1所示的专业升级改造的基本构想，提出专业发展新理念、人才质量新要求、培养方案新内容、教育教学新模式，进而思考和探索传统工科建设新工科的发展路径。

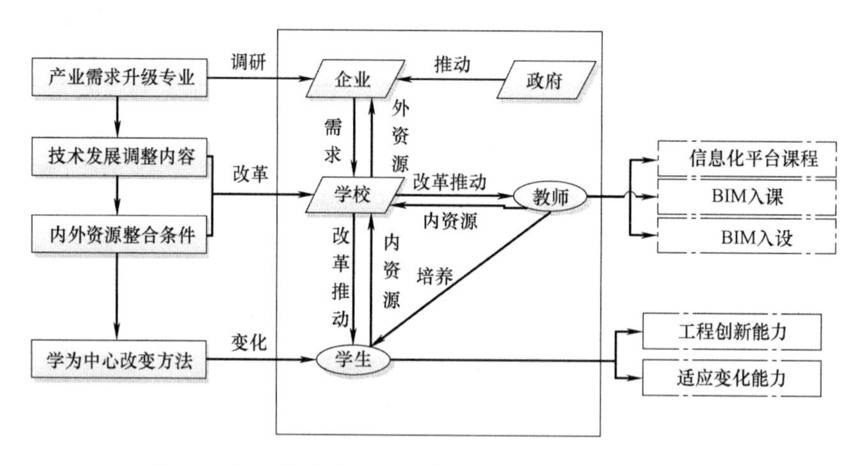

图9-1　基于BIM技术工程管理专业新工科"六问"逻辑

（1）产业需求升级专业。BIM技术用来展示整个建筑生命周期，相关协同合作企业和部门多，企业需求大，迫使人才培养升级改造，因此政府力推BIM技术作为未来建筑核心技术。工程管理专业发展需要BIM技术的强大支撑，同时人才培养的需求和目标需要跟产业要答案。

（2）技术发展调整内容。BIM 技术的发展推动了整个建筑行业取得很大的进步，对设计、建造以及管理运行维护引发大规模的变更。BIM 与工程管理专业融合，同时在平台课程增设信息化模块，并与信息管理、管理科学知识交叉。如何操作 Google Sketch Up、Revit Architecture、Navisworks Manage 等软件，如何应用 BIM 5D 管理方法以及将 BIM 加入课程，如何设计实践课程项目都是值得思考的具体问题。

（3）内外资源整合条件。学校是推动传统工科升级改造新工科的主体，积极对接建筑业产业和企业的外部资源，调动教师和学生的内部资源，提升工科学科的办学水平。

（4）学为中心改变教法。新工科建设中提出“问学生志趣变方法”，体现以学生为中心，以学生预期产出为目标，借助 OBE-CDIO 等教学模式融合 BIM 技术设计三级项目，激发学生学习的内生动力，让创新和做项目成为一种学习的常态，提高学生的创新实践能力和适应变化能力。

9.2　OBE-CDIO 工程管理专业改革实施构想

根据 OBE-CDIO 的以成果导向为核心来组织、实施以及评价工程管理专业的升级改造，围绕培养目标和学生毕业要求，进行资源配置和教学安排，进行“反向设计、正向实施”，设计思路如图 9-2 所示。

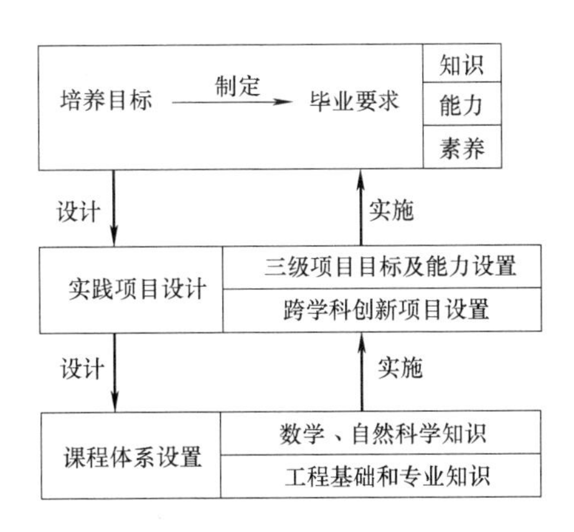

图 9-2　OBE-CDIO 工程管理专业改革实施构想

“反向设计”的思路如下：以预期的培养目标来驱动整个教育系统，根据培养目标制定毕业要求，确定工程管理专业学生需要掌握的知识、能力、素质；根据培养目标与毕业要求，以项目、结果导向为主根据OBE-CDIO思路设计专业的实践类项目实践项目，提升学生的专业能力与水平、综合工程设计能力、工程实践能力；根据实践项目对知识的需要，设置课程体系与课程群，细化各门课程的内容及标准。

"正向实施"过程如下，学生通过课程的讲解，学习各种知识，包括数理知识、自然科学知识、专业知识、人文社科知识、工程基础知识等；核心课程结课后，进行第三级核心课程的课程设计；每学年开始之初，先给学生布置第二级的年度设计，学生边学习边做设计，在设计过程中查阅资料、自学知识、融会贯通；大四学年整合所学所有知识完成第一级的毕业设计；为提高学生实践创新能力，鼓励学生参与课外创新项目，鼓励学生跨专业、跨学科，融合创新知识进行应用，使得课程的知识容量增加，打破学科边际，使知识学习更有针对性与导向性；三级项目的实施结合创新项目，培养学生发现问题、提出问题、分析问题和解决问题的能力，来实现毕业要求的知识、能力与素质要求。

在整个设计与实施的过程中，以学生的产出为目标，以学生为中心，培养目标是宗旨。核心内容是三级项目，由浅入深依次进行核心课程的课程设计、年度实践项目、毕业设计，融合创新模式也在整个过程中得以实现，通过各种项目实现课程实践教学一体化。最终的落实是通过课程体系的设置，课程内容的讲授，实现工程管理专业的升级改造。实现以学生为中心，教学实践一体化的工程管理专业改革，培养出懂技术、懂管理，又具有科学创新实践能力的复合型人才。

9.3 基于BIM技术工程管理专业升级改造框架

在综合考虑BIM技术及其工作内容分解后，需要改变传统模式，构建基于BIM技术的工程管理专业新工科升级改造框架。如图9-3所示，左侧纵向代表建设项目的实施过程，分为投资决策阶段、工程设计阶段、招投标阶段、施工阶段与竣工阶段五个阶段。右侧纵向代表大学四个学年。横向代表的是将BIM技术进行汇总，并对工作内容分解，最终落实在课程与教学环节当中。横向与纵向交会的内容，架构工程管理专业的升级改造框架。

BIM技术并不是单一的技术，而是信息化技术应用于建筑行业的一系列

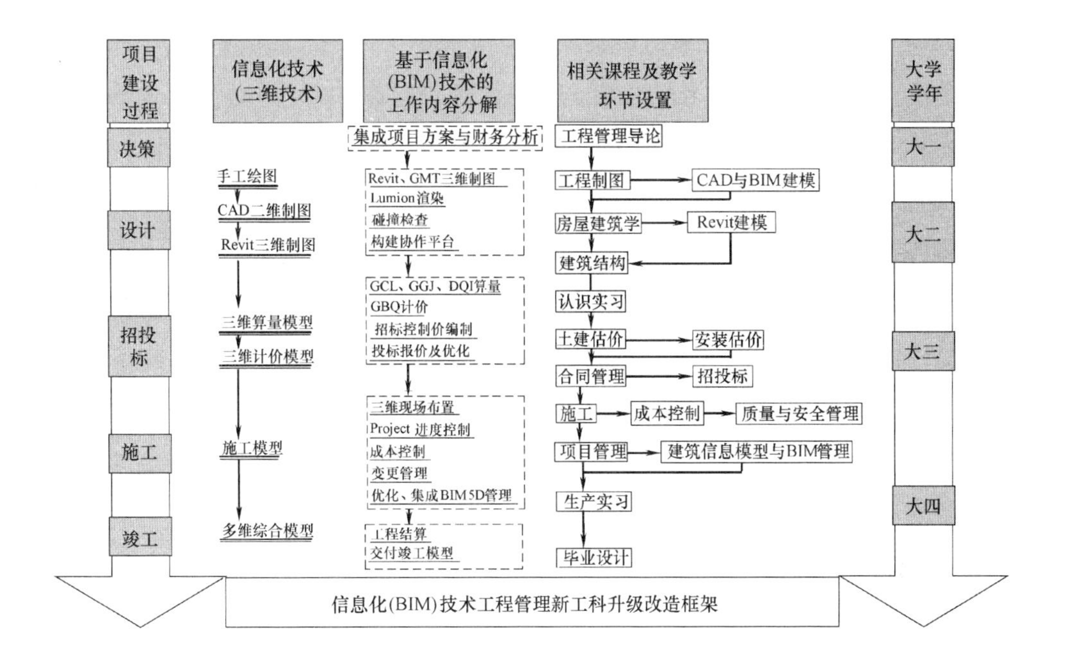

图 9-3　BIM 技术工程管理新工科升级改造框架

技术的总和。每一种技术可由多个软件单独实现，也可由多个软件共同完成。BIM 技术重点是构建三维模型，承载手工制图与二维制图的数据信息，这些数据信息可为各个建设阶段服务。三维计量模型、三维计价模型是在三维模型基础上进行的计量与计价，比起手工算量计价既快又准，广联达、鲁班、斯维尔等软件都可以实现。按照三维模型进行施工，并添加施工阶段的信息构建施工模型。项目竣工后，形成承载建筑物实体的多维综合模型。

BIM 技术的使用贯穿整个项目的建设工作，是建筑行业工作模式的转换，也是建筑业的一次重大技术升级。①投资决策阶段，主要的工作是在云平台上集成项目方案并进行财务评价，对于后期进行投资控制起到制约作用。②设计阶段，运用 Revit、GMT 构建三维模型。进行 BIM 技术的碰撞检查，可以有效减少设计出现的错误，节省施工时间；运用 Lumion 渲染，可以提升设计作品的可视性。③招投标阶段，招标方编制招标控制文件，投标方编制投标报价文件，都可以使用 BIM 技术中的 GCL、GGJ、DQI 算量，进行 GBQ 计价。④施工阶段，运用梦龙进行三维现场布置，Project 进行进度控制、成本控制与变更管理，可以在云平台进行。对施工方案进行优化与集成，进行 BIM 5D 施工管理。⑤竣工阶段，工程项目的大部分信息都通过云平台的内容进行呈现，是进行工程结算的重要依据，最终交付 BIM 竣工模型。BIM 技术的工作内容在每个阶段已经有了比较明晰的分解，但现阶段分工并不普遍。原因是多方面的，但 BIM 技术依然是未来的发展方向。

将分解的 BIM 工作内容落实到课程与相关教学环节中，培养能够熟练使用 BIM 的人才。大一阶段，教师在学科导论课上将 BIM 技术作为重要单元向学生介绍，在工程制图中培养学生的手工绘制图纸能力，介绍 CAD 二维制图与 BIM 技术三维建模技术；大二阶段，在学习工程制图的基础知识和房屋建筑学与建筑结构中，能够运用 Revit、GMT、PKPM 等 BIM 技术将设计的信息用三维模型展示出来；大三阶段，学习算量、计价的原理，能运用三维模型进行计算，将工期控制、质量控制、成本控制、合同管理、信息管理、组织协调等学习内容通过云平台的操作与 BIM 5D 模型来实现；大四阶段，能够在毕业设计中运用 BIM 技术的相关知识来完成实际项目。

9.4　工程管理专业升级改造路径设计

传统工科专业进行“新工科”升级改造融合创新范式，对照“五新”与“六问”，借鉴 CDIO 工程教育模式，实现学生的知识水平、专业技能、工程设计与解决复杂问题能力的提升。为便于操作与实施，我们将路径设计图细化，共分成 5 个部分 15 个步骤。路径设计中将创新创业教育、建筑业信息化技术教育，以及新工科倡导的多学科交叉融合、协同育人、产教研学融合等都纳入了融合创新人才培养范式中。

确定综合目标培养体系是最首要的部分，也是融合创新人才培养范式的基础。确定了综合目标培养体系才能继续开展下面的工作，具体的步骤如下：①调研企业、校友、其他利益相关者，对标相关高校对人才培养的建议，了解学生群体特征，被调查群体的建议是确定综合目标培养体系的前提，这些建议有助于确定学校对学生的培养方向以及具体的侧重点，帮助学生确立符合自己的就业方向。②汇总各方意见，依据认证标准，确定学生毕业 5～10 年的职业目标，培养工程科技人才。将飞速发展的科技成果逐步渗入到工程中来，当今的工程不只是需要工程人才，对工程科技人才的需求更为迫切。③确定专业人才培养目标，体现学校定位与专业特色。不同的学校有着不同的定位，不同的

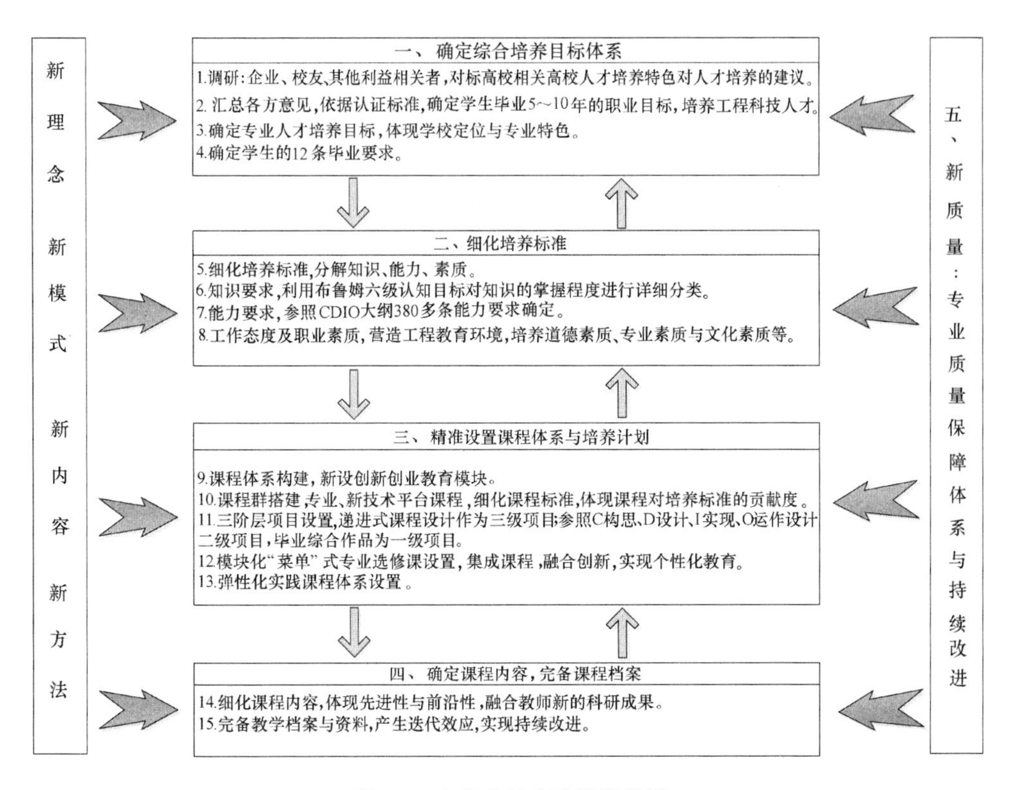

图 9-4　专业升级改造路径设计

专业也有各自的特色，学生选择的专业就是要从事本专业相关的工作，专业的培养目标为学生的职业选择确定了一定的方向。④确定学生的 12 条毕业要求，通过 12 条毕业要求为学生的学习成果提供了一定的标准，帮助学生更好地完成大学课程的学习。

细化培养标准是专业升级改造路径设计最重要的步骤。①在初步订立培养目标之后，我们需要细化培养目标中的相关标准，通过研究学生的学习特点来细化相应的课程标准，根据社会需要和行业发展将标准分解为知识、能力以及素质三方面。②在知识方面，利用布鲁姆六级认知目标对知识的掌握程度进行详细的分类。③在能力方面，参照最新的 OBE-CDIO 工程管理专业大纲中的 380 多条对于能力要求的认定制定能力方面的标准。④在素质方面，有以下要求：首先，我们需要有一个良好的工作态度和职业素质，对于工作认真执着，一丝不苟；其次，在此基础上，培养自己的道德素质、文化素质以及专业素质等；最后，学校要为学生提供一个良好的工程教育环境，让学生在这种环境中能够培养自己的专业素质和综合能力。

精准设置课程体系与培养计划是融合创新模式最关键的步骤，具体内容的落实成果可以支撑培养目标的实现。①完成课程体系构建，新设创新创业教育模块，将创新创业教育融入课程体系中来，促进学生创新创业能力的养成。②通过课程群搭建和专业、新技术平台课程，细化课程标准，体现课程对培养标准的贡献度。③设置三级项目，递进式课程设计作为第三级项目，参照CDIO工程教育模式（C构思、D设计、I实现、O运作）设计第二级项目，毕业综合作品为第一级项目，改进教学过程，形成OBE教学模式（以学生为中心）的教师授课新方法。④模块化菜单式专业选修课设置，集成课程，融合创新，学生可以根据自身特点与需求灵活选择自己的选修课，实现个性化教育。第五，弹性化实践课程体系设置，实现理论知识与实践相结合，提升学生综合素质和能力，培养符合社会发展需要的高质量人才。

确定课程内容，完备课程档案是传统工科专业进行“新工科”升级改造融合创新范式的新方法，也是专业升级改造路径设计最具体的工作。①细化相关课程内容并融合教师新的科研成果，让学生们在学习的过程中，能够产生新志趣并努力去学习，通过互联网、专业APP等信息化技术进行泛在学习，在学习中发现自己的问题与不足并改正，实现持续学习与终身学习。②完备教学档案与资料，实现资料的反复利用与知识的持续学习，产生迭代效应，每一次迭代促进新一轮的提升，也是对前一次的迭代进行持续改进，最后实现持续改进的学习。

专业质量体系与持续改进，为融合创新人才培养范式提供了保障，为融合创新人才培养的持续改进提供了条件，是融合创新人才培养的必要条件。

9.5 展望与未来

工程管理专业是一个特色鲜明、技术性强、综合性高的管理类专业，是管理专业中不可或缺的一部分。我国的工程管理专业成立于20世纪80年代初，经过近40年的发展，工程管理专业已经在全国范围内发展壮大起来，并且在专业范围、开办院校招生数量、从业教师数量以及专业文件和材料的整理等各个方面都发生了巨大的变化。作为一个专业性极强、亟须发展壮大、发展前景广阔的专业，它对提高我国建筑管理水平和促进建筑业发展具有重要作用。今天，为满足社会发展、市场需要，我们应当保持并加快工程管理专业的发展，以满足经济和社会发展对工程管理专业人才日益增长的需求。

建筑信息化技术 BIM 给建筑业带来的革新，不仅是技术方面的进步，更多的是协同工作、管理理念的升级，对工程管理专业的影响尤为重要。目前能考虑到的专业改革还只是浅层次的改革，随着技术应用的普及，会带来更多其他的变化，社会上也会出现更多对 BIM 人才的需求，工程管理专业的升级改造也将继续下去。除去 BIM 技术之外的建筑信息化的技术还有很多，如 GIS、物联网、云计算、3D 技术等，对建筑业的影响较 BIM 技术来说稍弱，但是未来的发展不可限量。以后对工程管理专业的影响也将是颠覆性的。融合创新模式中，创新创业平台教育课程与专业教育的融合产生的效应，也会在接下来的时间内持续表现出来创新对于产业、工程科技人才的影响，这些影响很值得我们期待。

融合创新工程教育范式，适合 BIM 技术对工程管理专业的升级改造，为专业改造提供思路与框架，对于其他专业的升级改造也有很大的参考意义与价值。新工科建设是一个长期而艰巨的任务，人才培养是新工科的一项系统工程，它不仅需要高校推进自身的人才培养改革，还需要全社会的共同关注和支持，以形成合作教育效应，培养更多的优秀人才，为新时期中国特色社会主义建设做出新的更大的贡献。新工科建设是新时代中国教育对现代国际工程教育发展的新贡献。在新的工程教育模式探索、转变、升级、落地与运行过程中，会存在各种讨论、争议及不确定性与模糊性，也会存在阶段性的困难与挑战，但是新的历史条件下，新工科发展与探索不会停下来，也会有越来越多的新型专业出现，越来越多的传统专业升级改造，来适应社会与市场发展的需要。随着新工科的不断深入，越来越清晰的新工科范式将会涌现出来。

附录1　暑期社会调研访谈问卷

1. 目前从事的具体工作？

A. 项目经理；B. 施工技术管理；C. 预算、造价管理、成本控制；D. 招投标工作；E. 合同管理，国内合同管理、风险控制等；F. 参与国际项目，国际商务合同管理；G. 监理；H. 事业单位、公务员；I. 从事培训、教育、科研类工作，后进入高等院校深造，获得硕士、博士学位；J. 其他工作，与本专业无关的工作。

2. 你走出校门几年了？

3. 大学阶段，你对哪位老师的印象最深刻，你最喜欢哪位老师，哪位老师对你影响最大（工作或者生活）？

4. 参加工作之后，你认为大学里面的哪门课程、哪些方面的知识对你后来的工作影响最大，最有用处？你认为大学毕业生刚参加你从事的这个行业，毕业的时候需要要具备什么样的知识、能力还有素质？知识、能力还有素质请分别详细说明：数理知识有哪些？专业知识有哪些？实践技能有哪些？能解决哪些复杂问题？

5. 你认为你在大学里所学的东西中，哪些对你到了工作岗位学习新的知识时候帮助最大？

6. 请简要说明，未来5～10年，你所从事行业的发展前景，包括知识更新方面，新技术方面，BIM技术、装配式建筑方面，以及建筑业未来的发展方向，管理的最新方法等。你认为建筑业与工程管理最可能出现创新的方面与内容是什么？什么时候市场占有率能达到5%，什么时间能完全占有市场。

7. 你对大学教育有什么好的建议？比如课程设计如何开展？如果设计一些小项目让学生利用课余时间或者放假时间（暑假、寒假）做的话，你的建议是什么？你对大学老师的教学方法有什么好的建议？你对学校的实践教学、实习、毕业设计等有什么好的建议。

8. 如果课程进行模块化设置，比如设置成本控制模块、造价管理模块、房屋设计模块、房地产开发与营销管理模块、BIM模块，即一个模块包括了好几门课的内容，你对这种授课方式的意见是什么？你认为还可以开设哪些模块？如果开设模块教学的话，你认为哪些模块是必须要开设的，哪些模块可以考虑开设，哪些课程可以不用学了？

9. 现在互联网很发达，你给在校学生通过互联网学习新知识的意见与建议是什么？有想回学校给师弟师妹讲课的意愿吗？互联网很发达，愿意通过互联网加强学校与你之间的关系吗？你认为比较合适的方式是什么

10. 你对学校与企业合作有什么看法？校企合作怎样做效率才比较高？怎样做才能培养出来高质量的人才，培养出社会与企业需要的人才？

11. 请问您对专业毕业要求的几点看法：

1）工程知识：能够将数学知识、自然科学、工程基础和专业知识用于解决复杂工程问题。您认为的哪些知识能够用来解决复杂问题？

2）问题分析：能够运用数学、自然科学和工程科学的基本原理来识别、表达、并通过文献研究分析复杂问题，以获得有效结论。如何有效地进行问题分析？

3）设计/开发解决方案：能够设计针对复杂工程问题的解决方案，设计满足特定需求的系统、单元（部件）或工艺流程，并能够在设计环节中体现创新意识，考虑社会、健康、安全、法律、文化以及环境等因素。如何制定一个有实际作用效果的解决方案？

4）研究：能够基于科学原理并采用科学方法对复杂工程问题进行研究，包括设计实验、分析与解释数据、并通过信息综合分析得到合理有效的结论。您认为哪些科学原理和科学方法使用频率较高？

5）使用现代工具：能够针对复杂工程问题，开发资源、现代工程工具和信息技术工具，包括对复杂工程问题的预测与模拟，并能够理解其局限性。哪些工具使用频率最高？

6）工程与社会：能够基于工程相关背景知识进行合理分析，评价专业工程实践和复杂工程问题解决方案对社会、健康、安全、法律以及文化的影响，并理解应承担的责任。您认为在社会层面上，工程师担任着一个怎样的角色？

7）环境和可持续发展：能够理解和评价针对复杂工程问题的专业工程实

践对环境、社会可持续发展的影响。您认为作为工程师，应当在环境和可持续发展方面考虑哪些具体内容？

8）职业规范：具有人文社会科学素养、社会责任感，能够在工程实践中理解并遵守工程职业道德和规范，履行责任。您认为工程师应当具备什么样的职业道德？

9）个人和团队：能够在多学科背景下的团队中承担个体、团队成员以及负责人的角色。您认为怎么培养团队责任感？

10）沟通：能够就复杂工程问题与业界同行及社会公众进行有效沟通和交流，包括撰写报告和设计文稿、陈述发言、清晰表达或回应指令。并具备一定的国际视野，能够在跨文化背景下进行沟通和交流。您认为对外语水平、写作水平应当有怎样的要求？

11）项目管理：理解并掌握工程管理原理与经济决策方法，并能在多学科环境中应用。工程管理原理能够运用在哪些领域？

12）终身学习：具有自主学习和终身学习的意识，有不断学习和适应发展的能力。您工作之余学习的动力是什么？都学什么内容？如何保持终身学习的能力？

附录2　高校问卷调查

1. 您的职称：

A. 助教　B. 讲师　C. 副教授　D. 教授　E. 院士

2. 您的年龄：

A. 30岁以下　B. 30～40岁　C. 41～50岁　D. 50岁以上

3. 您认为建筑信息化是未来发展方向吗?

A. 不是　B. 可能是，我不是很肯定　C. 肯定是未来的发展方向

4. 您认为建筑工业化是未来的发展方向吗?

A. 不是　B. 可能是，我不是很肯定　C. 肯定是未来的发展方向

5. 您的学校有开设关于BIM的课程吗?

A. 没有　B. 计划开设　C. 已经开设

6. 您的学校有开设装配式建筑的课程吗?

A. 没有　B. 计划开设　C. 已经开设

7. 建筑信息化将会产生大量的数据，您认为是否有必要完成开设大数据方面的课程?

A. 工程管理专业不需要　B. 可以试试　C. 大数据与人工智能是未来的发展方向，非常有必要开设

8. 您的学校开设BIM、装配式建筑方面课程的方式，是哪一种?（多选题）

A. 有学分的课程　B. 讲座　C. 学生通过比赛的形式自学

9. 您的学校是否开设BIM方面的实践课程?（多选题）

A. 学生实习有涉及　B. 课程设计有涉及　C. 毕业设计有涉及

10. 请根据您的实际情况选择最符合的项（请在相应分值的空格中打√，分数越高代表符合度越高）

	1	2	3	4	5
培养德、智、体、美全面发展，具有社会责任感的学生					
培养掌握土木工程技术及与工程管理相关的管理、经济、法律及信息技术等基础知识，具有较高的专业综合素质与较强的实践能力的学生					
培养具有职业道德、创新精神和国际视野的学生					
培养相应职业资格认证工程师的基本训练，同时具备较强的专业综合素质与能力、实践能力、创新能力的学生					
培养具备健康的个性品质和良好的社会适应能力的学生					

11. 您认为目前的授课方式有改进的必要吗？（多选题）

A. 不需要　B. 授课方式太死板　C. 授课内容太落后　D. 有些授课内容毫无用处

12. 如果将几门课的内容整合成一门课，部分课程实行模块化授课，每门课都能制作出来实体的作品，授课方式是否值得推广？

A. 有些基础知识无法模块化，现在方式挺好，不需要改变

B. 可以试试

C. 非常好，可以丰富课程的内容，突出知识的可用性，提高学生的实践能力

13. 如果将实习的时间安排在暑假寒假，学生按照实习任务与大纲进行实习，撰写实习报告，这种方式您能接受吗？

A. 还是以前的方式好　B. 可以试试，效果不好说　C. 非常好，可以采用一下

14. 您认为目前实习存在的问题？

A. 在校的实习基本流于形式，学生只是为了完成实习报告　B. 实习有时候与课程授课时间存在冲突　C. 学生走马观花般学习，收获不大　D. 目前挺好，不需要改进

15. 您认为几门主干课程的课程设计环环相扣，按照递进式完成，这种方式您能接受吗？

A. 非常好，学生可以把前后的课程连起来　B. 可以试试，效果不好说　C. 学生的知识体系与结构不完整，不能很好地完成任务

16. 您认为以下 BIM 课程在本科阶段应该开设哪几个？（多选题）

A. BIM建模　B. BIM算量　C. BIM计价　D. BIM 5D　E. 其他

17. 手机软件里是否有一个互联网+课堂的APP（进行线上与线下授课方式的结合）?

A. 有，一直在用　B. 有，偶尔会用到　C. 没有，但想用　D. 没有，完全不想用

18. 您认为BIM课程与哪些课程联系较多?

A. 建筑制图　B. 建筑CAD　C. 结构设计　D. 工程造价　E. 项目管理　F. 施工课程　G. 其他

19. 请问您学校工程管理的方向是什么?

A. 只开设了工程造价方向　B. 只开设了项目管理方向　C. 同时开设了工程造价、项目管理、房地产开发与管理等多个方向

20. 对开设建筑信息化课程有哪些好的建议?

附录3 软件公司调研

1. 您目前在哪类软件公司就职?

A. 施工管理 B. 造价预算 C. 结构设计 D. 其他

2. 您目前的职位是什么?

A. 程序员 B. 工程师 C. 营销人员 D. 其他

3. 您从事这个行业几年了?

A. 1年以内 B. 3年以内 C. 3～5年 D. 5年以上

4. 您的学历是什么?

A. 专科 B. 本科 C. 研究生及以上 D. 其他

5. 您在学习期间的主修课程是什么?

A. 计算机类 B. 土木工程类 C. 工程管理类 D. 其他

6. 您的公司愿意在软件方面为高校提供哪些方面的帮助?

A. 不定期的教学与讲座 B. 软件购买优惠 C. 提供实习岗位

7. 您认为您在工作当中,在哪方面的知识能力素质较强?(多选题)

A. 基础理论 B. 专业知识 C. 专业实践能力 D. 计算机 E. 英语 F. 体育 G. 社会适应能力 H. 人际交往 I. 人文社会科学知识 J. 心理素质 K. 职业道德 L. 事业心与责任等 M. 团队合作精神 N. 吃苦耐劳的精神 O. 创新能力 P. 组织管理能力 Q. 其他

8. 您认为有必要针对工程管理专业开设信息技术课程吗?

A. 没有必要 B. 可有可无 C. 很有必要

9. 您认为工程管理专业的毕业生需要加强哪些方面的知识能力培养?(多选题)

A. 基础理论 B. 专业知识 C. 专业实践能力 D. 计算机 E. 英语 F. 体育 G. 社会适应能力 H. 人际交往 I. 人文社会科学知识 J. 心理素

质　K. 职业道德　L. 创新能力　M. 组织管理能力

10. 请根据您的实际情况选择最符合的项（请在相应分值的空格中打√，分数越高代表符合度越高）

项目	1	2	3	4	5
培养德、智、体、美全面发展，具有社会责任感的学生					
培养掌握土木工程技术及与工程管理相关的管理、经济、法律及信息技术等基础知识，具有较高的专业综合素质与较强的实践能力的学生					
培养具有职业道德、创新精神和国际视野的学生					
培养相应职业资格认证工程师的基本训练，同时具备较强的专业综合素质与能力、实践能力、创新能力的学生					
培养具备健康的个性品质和良好的社会适应能力的学生					

11. 您认为软件培养了学生哪方面的能力？

A. 绘图、空间想象能力　B. 组织协同能力　C. 预算　D. 其他

12. 目前BIM发展方面的工程师人才紧缺吗？

A. 很紧缺，亟须培养　B. 市场已饱和　C. 发展阶段，暂不确定

13. BIM软件的使用者大多是什么单位？（多选题）

A. 高校　B. 建筑公司　C. 造价咨询公司　D. 设计院

14. 您认为BIM软件和哪些基础知识结合比较多？（多选题）

A. 绘图设计　B. 建设施工　C. 运营管理　D. 其他

15. 您认为BIM软件未来是否会占据建筑软件行业？

A. 不会，BIM目前还不够成熟　B 一定会，这是一个必然趋势　C. 不确定，可能还会有新的技术出现

16. 您公司的软件在推广中遇到过哪些阻碍？（多选题）

A. 价格较高导致盗版软件横行　B. 同行业竞争者太强大　C. 高等院校推广教育不够　D. 软件本身的技术缺陷

17. 您认为BIM主要有哪些优势？（多选题）

A. 降低施工难度，实现工程可控　B. 便于协同管理，降低沟通难度，实现人员可控　C. 减少信息丢失，实现数据可控　D. 以上都是

18. 您认为BIM软件主要应用在哪些领域？（多选题）

A. 规划设计　B. 运营维护　C. 施工管理　D. 以上全部

19. 您认为哪些软件是 BIM 的核心？（多选题）

A. Revit 系列　B. PKPM 系列　C. Archi CAD 系列　D. Bentley 系列

20. 您在建筑信息化应用和发展方面有什么建议？

附录 4 建筑从业人员调查问卷

1. 您的性别：

A. 男 B. 女

2. 您的年龄：

A. 20～30 岁 B. 31～40 岁 C. 41～50 岁 D. 51～60 岁 E. 60 岁及以上

3. 您的学历是：

A. 专科 B. 本科 C. 硕士研究生 D. 博士研究生 E. 其他

4. 您的工作年限是：

A. 5 年以下 B. 6～10 年 C. 11～15 年 D. 16～20 年 E. 21 年及以上

5. 您的职称是：

A. 工人 B. 助理工程师 C. 工程师 D. 高级工程师

6. 您目前从事的工作是：

A. 项目经理 B. 施工技术管理 C. 预算、造价管理、成本控制 D. 招投标工作 E. 监理 F. 合同管理，国内合同管理，风险控制等 G. 参与国际项目，国际商务合同管理

7. 您是否正在使用新技术（如 BIM、3D 打印等）？

A. 一直使用 B. 经常使用 C. 偶尔使用 D. 完全不使用

8. 您认为在工作中，哪些方面的知识能力素质较为重要？（多选题）

A. 基础理论 B. 专业知识 C. 专业实践能力 D. 计算机 E. 英语 F. 社会适应能力 G. 人际交往能力 H. 事业心与责任心 I. 团队合作能力 J. 吃苦耐劳精神 K. 创新能力 L. 组织管理能力 M. 其他

9. 您认为工程管理专业的在校生应该注重哪方面的课程学习？

A. 技术方面 B. 管理方面 C. 经济方面 D. 法律方面 E. 信息技术方面

10. 您认为工程管理专业的毕业生最应该具备哪些能力？（多选题）

A. 项目管理能力　B. 造价预算能力　C. 合同管理能力　D. 沟通合作能力

11. 您认为未来3～5年工程管理专业的发展方向是什么？

A. BIM装配式建筑　B. 维持现状　C. 没有变化　D. 其他

12. 请根据您的实际情况选择最符合的项。（请在相应分值下的空格中打√，分数越高代表符合度越高）

项目	1	2	3	4	5
培养德、智、体、美全面发展，具有社会责任感的学生					
培养掌握土木工程技术及与工程管理相关的管理、经济、法律及信息技术等基础知识，具有较高的专业综合素质与较强的实践能力的学生					
培养具有职业道德、创新精神和国际视野的学生					
培养相应职业资格认证工程师的基本训练，同时具备较强的专业综合素质与能力、实践能力、创新能力的学生					
培养具备健康的个性品质和良好的社会适应能力的学生					

13. 您是否愿意给应届毕业生提供实习岗位？

A. 可以提供　B. 不方便

14. 您认为BIM是什么？

A. 一种软件　B. 建筑数据库　C. 3D模拟新技术　D. 建筑设计新方法
E. 应用于设施全周期的3D数字化技术

15. 您认为BIM技术运用在建设领域的哪些方面？（多选题）

A. 规划设计　B. 运营维护　C. 施工管理　D. 全部

16. 您所在公司或学校从事BIM相关的员工有：

A. 少于5人　B. 5～10人　C. 10～20人　D. 20人以上

17. 您以后是否有运用BIM软件解决实际工程问题的想法？

A. 有　B. 没有　C. 看社会发展考虑

18. 您认为BIM技术在建设工程中处于什么位置？

A. 核心　B. 辅助　C. 无关紧要

19. 您认为建筑工程信息化管理及应用在今后的地位：

A. 很重要　B. 一般　C. 不重要

20. 请您对未来工程管理的发展提供宝贵意见。

附录5　对工程管理专业毕业校友调研

尊敬的学长学姐：

您好！为了更好地建设我校工程管理专业，我们特开展本次问卷调查活动并通过平台将总结予以及时反馈，希望您能提出宝贵的意见。问卷采用匿名方式且保证对填写信息严格保密。非常感谢您对本次调研活动的热情参与和大力支持！

1. 您的性别：

A. 男　B. 女

2. 您毕业几年了？

A. 1年以下　B. 1～3年　C. 3～5年　D. 5年以上

3. 您毕业后换过几次工作？

A. 1次　B. 1～3次　C. 3～5次　D. 5次以上

4. 您目前从事的工作：

A. 项目经理　B. 施工技术管理　C. 预算、造价管理、成本控制　D. 招投标工作　E. 合同管理、国内合同管理、风险控制等　F. 参与国际项目、国际商务合同管理　G. 监理　H. 事业单位、公务员　I. 从事培训、教育、科研类工作，后取得了硕士、博士学位　J. 其他，与本专业无关

5. 您从事目前的职业已经几年了？

A. 1年以下　B. 1～3年　C. 3～5年　D. 5年以上

6. （多选）您认为在工作当中，自己在哪方面的知识能力素质较强？

A. 基础理论　B. 专业知识　C. 专业实践能力　D. 计算机　E. 英语　F. 体育　G. 社会适应能力　H. 人际交往　I. 人文社会科学知识　J. 心理素质　K. 职业道德　L. 事业心与责任等　M. 团队合作精神　N. 吃苦耐劳的精神　O. 创新能力　P. 组织管理能力　Q. 其他

7. （多选）您认为工程管理专业的毕业生需要加强哪些方面的知识能力

培养？

A. 基础理论　B. 专业知识　C. 专业实践能力　D. 计算机　E. 英语　F. 体育　G. 社会适应能力　H. 人际交往　I. 人文社会科学知识　J. 心理素质　K. 职业道德　L. 创新能力　M. 组织管理能力

8. （多选）您认为工程管理专业的在校生应该注重哪些方面的课程学习？

A. 技术方面　B. 管理方面　C. 经济方面　D. 法律方面　E. 信息技术方面

9. （多选）您对母校最不满意的地方有哪些？

A. 教学质量　B. 教学方法和手段　C. 教学水平　D. 师资队伍建设　E. 教学基础设施（包括文体设施）　F. 思想道德教育　G. 职业素质教育　H. 心理素质教育　I. 职业技能培养　J. 就业指导工作　K. 学校管理水平　L. 社会活动　M. 后勤服务水平　N. 学校知名度

10. （多选）您认为工程管理专业的毕业生最应该具备哪些能力？

A. 项目管理能力　B. 造价预算能力　C. 合同管理能力　D. 共同合作能力

11. 您认为工程管理专业方向的选择：

A. 只要开设工程造价方向就可以了　B. 可以增设项目管理方向　C. 可以增设项目管理、房地产开发与管理多个方向

12. 您认为母校的工程管理专业培养方案需要改进吗？

A. 不需要改进　B. 需要小修　C. 需要大修

13. （多选）您认为母校教学主要存在什么问题？

A. 知识陈旧，有些知识早就落伍了　B. 教学方法死板，不能吸引学生　C. 不注意实践能力的提升　D. 没有教会学生如何学以致用　E. 其他

14. 请根据您的实际情况选择最符合的项。（请在相应分值下的空格中打√，分数越高代表？）

项目	1	2	3	4	5
培养德、智、体、美全面发展，具有社会责任感的学生					
培养掌握土木工程技术及与工程管理相关的管理、经济、法律及信息技术等基础知识，具有较高的专业综合素质与较强的实践能力的学生					
培养具有职业道德、创新精神和国际视野的学生					

续表

项目	1	2	3	4	5
培养相应职业资格认证工程师的基本训练，同时具备较强的专业综合素质与能力、实践能力、创新能力的学生					
培养具备健康的个性品质和良好的社会适应能力的学生					

15. 您认为未来3～5年工程管理专业的发展方向是什么？

A. BIM　B. 装配式建筑　C. 维持现状，没有明显变化　D. 其他

16.（多选）您认为工程管理专业的学生毕业后可以到哪些地方工作？

A. 房地产开发公司（甲方）　B. 施工单位（乙方）　C. 造价事务所　D. 考研　E. 与本专业无关

17. 您认为实习体系的构建（比如组织学生去实习的频率）为：

A. 每学期都去　B. 利用假期去　C. 只在大二去　D. 只在大三去

18.（多选）您认为工程管理需要考取哪些执业资格？

A. 造价师　B. 预算师　C. 监理工程师　D. 建造师

19. 您是否愿意给师弟师妹们做讲座？

A. 有时间的话可以　B. 不想讲

20. 您是否愿意给师弟师妹们提供实习岗位？

A. 可以提供　B. 不方便

21. 您对工程管理专业的课程体系建设有什么意见或建议？请写下来和我们分享吧！

附录6 施工企业建造阶段BIM应用与价值详解

阶段		BIM应用大项		详细应用点		专业			BIM支持	施工方配合工作	预期成果
						土建	钢筋	安装	软件系统		
I	投标策划	1.1	BIM资质预审配合	1.1.1	BIM资质预审资料准备	●	●	●	—	招标文件、公司资料	1)协助编制BIM资质预审资料 2)出席预审会
				1.1.2	BIM资质预审配合	●	●	●	—	公司情况、项目情况交底	业主方BIM资质预审配合
		1.2	图纸问题梳理	1.2.1	发现图纸未标注或矛盾点	●	●	●	LubanCAL	提供相关电子图、蓝图	可以发现70%以上图纸未标注或图纸标注矛盾点
				1.2.2	发现部分图纸设计不规范	●	●	●	云检查	提供相关电子图、蓝图	根据图纸设计质量可以发现大部分设计不规范的点(仅限软件支持部分)
		1.3	报价策划	1.3.1	工程量精算	●	●	●	LubanCAL Archi CAD、Auto CAD、BIM清单计价、BIM三维算量for CAD、BIM三维算量for Revit、BIM安装算量for Revit、BIM钢筋算量for Revit、BIM建模for Revit、BIM 5D、斑马梦龙网络计划、Catia(DP)、GJG钢结构三维算量软件、广联达BIM装饰计量软件GDQ、广联达BIM市政算量GMA、广联达公路工程计价软件GHW、广联	提供甲方招标清单量、当地计算规则、清单列项	1)提供最优投标方案选择的建议 2)发现甲方招标清单量的错误和问题 3)发现图纸问题和错误

续表

阶段		BIM应用大项		详细应用点		专业			BIM支持	施工方配合工作	预期成果
						土建	钢筋	安装	软件系统		
I	投标策划	1.3	报价策划	1.3.1	工程量精算	●	●	●	达电力算量软件GMS、广联达GTJ、广联达BIM土建计量平台GCL、广联达BIM钢筋计量平台GGJ、广联达计价软件GBQ、鲁班排布、鲁班总体、鲁班造价、鲁班协同、鲁班进度计划、MagiCAD、Revit、天正建筑、VISSIM	提供甲方招标清单量、当地计算规则、清单列项	1)提供最优投标方案选择的建议 2)发现甲方招标清单量的错误和问题 3)发现图纸问题和错误
				1.3.2	不平衡报价策划与建议	●	●	●	LubanCAL LubanPRP	投标策略交底	根据甲方招标清单量的准确性，可产生1%～5%的结算利润
		1.4	技术标	1.4.1	BIM应用方案	●	●	●	—	明确甲方BIM需求	响应项目招标书的“BIM应用方案”，列举BIM技术给项目施工带来的价值和好处、提前提供部分图纸问题、预留洞报告等可以提高技术标得分
				1.4.2	投标方案动画	●	●	●	LubanCAL、LubanBE、LubanBW、3ds Max Archi CAD、Archi BUS、Auto CAD、Artlantis、AccuRender、Fuzor、天正建筑 Inventor、Lumion、Lightscape、鲁班驾驶舱、鲁班协同、MagiCAD、Rhino 3D	技术方案提供	利用BIM模型制作施工方案动画，快速、成本低、真实感强
				1.4.3	技术方案表现	●	●	●	LubanCAL、LubanPRP		利用BIM提升技术方案表现

续表

阶段		BIM应用大项		详细应用点		专业			BIM支持	施工方配合工作	预期成果
						土建	钢筋	安装	软件系统		
Ⅱ	项目策划	2.1	协助制定项目目标成本	2.1.1	编制施工图预算(目标成本)	●	●	●	LubanCAL、LubanPRP Archi CAD、Auto CAD、BIM清单计价、BIM三维算量for CAD、BIM三维算量for Revit、BIM安装算量for Revit、BIM钢筋算量for Revit、BIM建模for Revit、BIM 5D、斑马梦龙网络计划、Catia(DP)、GJG钢结构三维算量软件、广联达BIM装饰计量软件GDQ、广联达BIM市政算量GMA、广联达公路工程计价软件GHW、广联达电力算量软件GMS、广联达GTJ、广联达BIM土建计量平台GCL、广联达BIM钢筋计量平台GGJ、广联达计价软件GBQ、鲁班排布、鲁班总体、鲁班造价、鲁班协同、鲁班进度计划、Magi-CAD、Revit、天正建筑、VISSIM	提供编制依据(清单、定额)和要求,确定企业定额	1)施工图编制缺项漏项 2)精确施工图预算量用于目标成本控制
				2.1.2	编制产值进度计划	●	●	●	LubanCAL、LubanPRP 斑马梦龙网络计划、鲁班进度计划、Preject	提供进度计划	获得较准确的产值计划,支持资金需求计划
				2.1.3	协助制订用工计划	●	●	●	LubanCAL、LubanPRP、斑马梦龙网络计划、鲁班协同、鲁班进度计划、Preject	提供企业定额	获得较准确的用工计划
				2.1.4	制订材料用量计划	●	●	●	LubanMC	提供材料控制范围 明确材料控制节点要求	1)提供项目材料上限控制量 2)对材料分节点分大类进行细化控制 3)用于材料采购计划制订

续表

阶段		BIM应用大项		详细应用点		专业：土建	专业：钢筋	专业：安装	BIM支持：软件系统	施工方配合工作	预期成果
Ⅱ	项目策划	2.2	协助编制施工组织设计	2.2.1	协助安排施工进度计划	●	●	●	LubanMC、斑马梦龙网络计划、鲁班协同、鲁班进度计划、Preject	提供甲方施工节点要求 提供初步施工节点进度计划	1）提供可视化4D虚拟模型 2）检验进度计划合理性
				2.2.2	施工场地布置				LubanPR、LubanBE Autodesk Civil 3D、广联达BIM施工现场布置软件、鲁班场布、鲁班总体、鲁班协同	提供施工现场布置初步设想	1）三维反映施工场地布置，便于讨论和修改 2）检验施工场地布置的合理性 3）根据施工现场情况优化场地布置
Ⅲ	施工阶段	3.1	施工方案模拟	3.1.1	施工方案模拟	●	●	●	LubanOS	提供施工方案的文字资料，视频、电子图、蓝图等协调设计方、甲方和咨询顾问的工作	利用BIM可视化特点，建立方案模型，模拟方案施工过程，找到可能存在的问题，可视化技术交底
				3.1.2	施工方案交底	●	●	●	LubanBE		
				3.1.3	土方开挖方案模拟	●			LubanAR		
				3.1.4	支撑维护方案模拟	●	●		LubanAR、LubanST、广联达BIM模板脚手架设计软件GMJ、鲁班模架		
				3.1.5	二次结构施工方案模拟	●			LubanAR、BIM 5D		
		3.2	BIM模型维护	3.2.1	设计变更调整	●	●	●	LubanCAL、LubanPDS、LubanBE	协调设计、总包、专业分包、造价咨询和监理单位等工作	提供几乎实时动态、准确、完整的工程信息模型，实现高效协同与共享

续表

阶段		BIM应用大项		详细应用点		专业			BIM支持	施工方配合工作	预期成果
						土建	钢筋	安装	软件系统		
Ⅲ	施工阶段	3.3	对外造价管理	3.3.1	进度款申请配合	●	●	●	LubanCAL、LubanPDS、LubanMC、BIM 5D、CATLA(Digital Project)、鲁班协同 Navisworks、广联达钢筋现场管理软件 GSJ、鲁班下料、鲁班节点、鲁班排布、鲁班驾驶舱、鲁班集成应用、鲁班移动监控	协调施工单位和监理单位的工作	提供准确进度工程量
				3.3.2	设计变更调整	●	●	●		协调施工单位和监理单位的工作	及时提供准确变更工程量
				3.3.3	签证索赔支撑	●	●	●		协调施工单位和监理单位的工作	提供工程量变更依据
		3.4	对内成本控制	3.4.1	内部多算对比	●	●	●	LubanCAL、Archi CAD、Auto CAD、BIM 清单计价、BIM 三维算量 for CAD、BIM 三维算量 for Revit、BIM 安装算量 for Revit、BIM 钢筋算量 for Revit、BIM 建模 for Revit、BIM 5D、斑马梦龙网络计划、Catia(DP)、GJG 钢结构三维算量软件、广联达 BIM 装饰计量软件 GDQ、广联达 BIM 市政算量 GMA、广联达公路工程计价软件 GHW、广联达电力算量软件 GMS、广联达 GTJ、广联达 BIM 土建计量平台 GCL、广联达 BIM 钢筋计量平台 GGJ、广联达计价软件 GBQ、鲁班排布、鲁班总体、鲁班造价、鲁班协同、鲁班进度计划、MagiCAD、Revit、天正建筑、VISSIM	提供实际消耗量	对比计划与实际用量，找到管理问题和原因
				3.4.2	分包班组工程量核对	●	●	●	LubanCAL、Archi CAD、Auto CAD、BIM 清单计价、BIM 三维算量 for CAD、BIM 三维算量 for Revit、BIM 安装算量 for Revit、BIM 钢筋算量 for Revit、BIM 建模 for Revit、BIM 5D、斑马梦龙网络计划、Catia(DP)、GJG 钢结构三维算量软件、	协调成本、材料部门	审核分包班组提供的工程量，确保公平，避免超付

续表

阶段		BIM应用大项		详细应用点		专业			BIM 支持	施工方配合工作	预期成果
						土建	钢筋	安装	软件系统		
Ⅲ	施工阶段	3.4	对内成本控制	3.4.2	分包班组工程量核对	●	●	●	广联达 BIM 装饰计量软件 GDQ、广联达 BIM 市政算量 GMA、广联达公路工程计价软件 GHW、广联达电力算量软件 GMS、广联达 GTJ、广联达 BIM 土建计量平台 GCL、广联达 BIM 钢筋计量平台 GGJ、广联达计价软件 GBQ、鲁班排布、鲁班总体、鲁班造价、鲁班进度计划、MagiCAD、Revit、天正建筑、VISSIM	协调成本、材料部门	审核分包班组提供的工程量，确保公平，避免超付
		3.5	土建专业 BIM 应用	3.5.1	施工区域划分				LubanAR、BIM 5D	协调设计方、施工单位和咨询顾问的工作	深化设计，优化施工方案
				3.5.2	提供实际施工量						
				3.5.3	高大支模区域筛选	●				提供技术筛选条件	快速查找提供需高大支模具体位置
		3.6	钢筋专业 BIM 应用	3.6.1	钢筋下料翻样复核				LubanST、BIM 5D、BIM 三维算量 for CAD、BIM 三维算量 for Revit、BIM 钢筋算量 for Revit、广联达 GTJ、广联达 BIM 钢筋计量平台 GGJ、鲁班总体	协调设计方、施工单位和咨询顾问的工作 提供施工班组下料数据	复核班组下料翻样数据
				3.6.2	提供钢筋加工翻样图		●				
				3.6.3	钢筋断料优化				LubanST、BIM 5D、BIM 三维算量 for CAD、BIM 三维算量 for Revit、BIM 钢筋算量 for Revit、广联达 GTJ、广联达 BIM 钢筋计量平台 GGJ、鲁班总体	提供施工班组下料数据	提出钢筋断料优化建议，提高钢筋利用率降低钢筋损耗，优化断料组合

续表

阶段		BIM应用大项		详细应用点		专业			BIM支持	施工方配合工作	预期成果
						土建	钢筋	安装	软件系统		
Ⅲ	施工阶段	3.6	钢筋专业BIM应用	3.6.4	钢筋施工指导		●		LubanST、lubanBE、BIM 5D、BIM三维算量for CAD、BIM三维算量for Revit、BIM钢筋算量for Revit、广联达GTJ、广联达BIM钢筋计量平台GGJ、鲁班总体		钢筋三维显示，指导钢筋施工
		3.7	应用	3.7.1	协助安装管线综合(深化设计)				LubanMEP、BIM 5D、BIM三维算量for CAD、BIM安装算量for CAD、BIM三维算量for Revit、BIM安装算量for Revit、广联达电力算量软件GMS、鲁班总体、鲁班造价	协调设计方、施工单位和咨询顾问的工作	提前发现影响实际施工的碰撞点，加快施工进度
				3.7.2	辅助复杂区域方案优化				LubanMEP、LubanBW、BIM 5D、BIM三维算量for CAD、BIM安装算量for CAD、BIM三维算量for Revit、BIM安装算量for Revit、广联达电力算量软件GMS、鲁班总体、鲁班造价、Archi CAD、Archi BUS、Auto CAD、Artlantis、AccuRender、Fuzor、Inventor、Lumion、Lightscape、鲁班浏览器、鲁班驾驶舱、MagiCAD、Rhino 3D、3ds Max	配合设计、施工方做三维方案	运用三维模型更快找到最优方案
				3.7.3	配合施工方给业主演示施工方案			●	LubanMEP、LubanBW、BIM 5D、BIM三维算量for Revit、BIM安装算量for Revit、鲁班总体、鲁班造价、Archi CAD、Archi BUS、Auto CAD、Artlantis、AccuRender、Fuzor、鲁班浏览器、Inventor、Lumion、鲁班驾驶舱、Lightscape、MagiCAD、Rhino 3D、3ds Max	施工方配合工程顾问做最优模型	用三维动态形式将复杂区域效果方案向业主展示

续表

阶段		BIM应用大项		详细应用点		专业			BIM支持	施工方配合工作	预期成果
						土建	钢筋	安装	软件系统		
Ⅲ	施工阶段	3.7	应用	3.7.4	预埋量测算				LubanMEP、BIM三维算量for CAD、BIM安装算量for CAD、广联达电力算量软件GMS、BIM 5D、BIM三维算量for Revit、BIM安装算量for Revit、鲁班总体、鲁班造价	施工设计方提供电子版图纸	提供预埋工程量
				3.7.5	协助综合支架优化				LubanMEP、ubanBW、BIM 5D、BIM三维算量for Revit、BIM安装算量for Revit、鲁班总体、鲁班造价、Archi CAD、Archi BUS、Auto CAD、Artlantis、AccuRender、Fuzor、Inventor、Lumion、Lightscape、鲁班浏览器、鲁班驾驶舱、MagiCAD、Rhino 3D、3ds Max	提供支架配置要求	1)通过综合支架达到美观效果 2)指导支架的制作和排布
				3.7.6	重点节点结构实际尺寸测量				LubanMEP、LubanCAL	提供测量工具和施工员配合 提供设备厂商三维模型图或透视图	调整土建BIM模型，避免因尺寸偏差引起碰撞
				3.7.7	建立全尺寸设备三维模型				LubanMEP、BIM 5D、BIM三维算量for Revit、BIM安装算量for Revit、鲁班总体、鲁班造价		1)确定预留管线位置 2)参与管线碰撞 3)形象和直观展示
				3.7.8	建立企业设备库、构件库				LubanEDS	企业提供设备三维模型或透视图	1)形成企业级设备库，内部共享 2)形成企业核心竞争力

续表

阶段		BIM应用大项		详细应用点		专业			BIM支持	施工方配合工作	预期成果
						土建	钢筋	安装	软件系统		
Ⅲ	施工阶段	3.7	应用	3.7.9	出剖面图、平面图				LubanMEP、BIM 5D、BIM三维算量for Revit、BIM安装算量for Revit、鲁班总体、鲁班造价	出图要求	深化设计成果的剖面图、平面图
				3.7.10	三维动态剖切				LubanMEP、LubanBW、IM 5D、BIM三维算量for Revit、BIM安装算量for Revit、鲁班总体、鲁班造价、Archi CAD、Archi BUS、Auto CAD、Artlantis、AccuRender、Fuzor、Inventor、Lumion、Lightscape、鲁班浏览器、鲁班驾驶舱、鲁班协同、MagiCAD、Rhino 3D、3ds Max	根据现场施工进度和要求，施工人员确定模型	实现深度虚拟交底，可以直接到具体的施工人员（指导现场班组施工）
		3.8	钢构专业BIM应用	3.8.1	钢构整体模型				LubanCAL、BIM 5D、BIM三维算量for CAD、BIM三维算量for Revit、GJG钢结构三维算量软件、鲁班总体、鲁班造价	钢构图纸	建立钢构模型
				3.8.2	XSteel模型导入				XSteel	设计BIM模型	计算工程量，用于同机电的碰撞（不含节点）
		3.9	BIM多专业集成应用1——碰撞检查	3.9.1	检测安装各专业碰撞	●		●	LubanBW、LubanBE、BIM 5D、CATLA（Digital Project）、鲁班浏览器、鲁班驾驶舱、鲁班集成应用、鲁班移动监控、Navisworks	协调设计方、施工单位和咨询顾问的工作	1）工期：避免工期延误10%左右 2）提升质量：大幅减少返工，改善工程质量 3）保证安全：提前预见问题，减少危险因素 4）大幅提升工作效率
				3.9.2	检测安装与结构碰撞检查						
				3.9.3	检测安装与钢构碰撞检查						
				3.9.4	出碰撞报告						
				3.9.5	预留洞口定位报告						
				3.9.6	净高检查						

续表

阶段		BIM应用大项		详细应用点		专业			BIM支持	施工方配合工作	预期成果
						土建	钢筋	安装	软件系统		
Ⅲ	施工阶段	3.10	BIM多专业集成应用2——漫游	3.10.1	手控漫游	●		●	LubanBW、LubanBE、BIM 5D、CATLA(Digital Project)、鲁班浏览器、鲁班驾驶舱、鲁班集成应用、鲁班移动监控、Navisworks	协调设计方、施工单位和咨询顾问的工作	提前发现影响实际施工的碰撞点,加快施工进度
				3.10.2	指定路径漫游						
				3.10.3	动态碰撞检查(吊装运输碰撞)						
				3.10.4	属性查询						
		3.11	材料管理	3.11.1	精细化材料计划	●	●	●	LubanMC	明确材料采购流程	按节点要求提供材料计划量
				3.11.2	材料领用控制(限额领料)	●	●	●		明确现有材料领用流程	对材料领用进行审核,避免材料超领造成浪费
				3.11.3	材料用量分析对比	●	●	●		实际材料采购量 现场剩余材料盘点	1)核对材料用量是否在控制范围内 2)出现问题时,协助现场管理人员查找原因 3)避免因材料飞单引起的材料偏差
				3.11.4	控制材料飞单	●	●	●		实际进场数量、实际用量提供	多算对比,控制飞单
				3.11.5	材料二次搬运/垂直运输控制	●	●	●		详细施工计划	1)精细化控制每个区域每个楼层材料用量 2)避免材料二次二运造成的浪费和增加费用

续表

阶段		BIM应用大项		详细应用点		专业			BIM支持	施工方配合工作	预期成果
						土建	钢筋	安装	软件系统		
Ⅲ	施工阶段	3.12	分包管理	3.12.1	分包BIM模型整合	●	●	●	LubanTrans	提供其他专业BIM模型	1)提供整体BIM模型 2)协调与查找各专业问题 3)提供整体数据查询
Ⅲ	施工阶段	3.12	分包管理	3.12.2	派工单	●	●	●	LubanPDS、LubanPRP	班组资料	班组任务管理
Ⅲ	施工阶段	3.12	分包管理	3.12.3	进度款支付审核	●	●	●	LubanPDS	分包工作范围 分包支付规定 分包进度请款资料	1)精确审核分包完成工作量 2)涉及多家分包，精确划分工作区域，避免重复 3)避免进度款超付
Ⅲ	施工阶段	3.12	分包管理	3.12.4	分包工作面划分						
Ⅲ	施工阶段	3.12	分包管理	3.12.5	BIM标准执行监督检查				—	协调专业分包单位等工作	形成满足质量要求的BIM模型
Ⅲ	施工阶段	3.13	质量、安全协同管理	3.13.1	采集现场数据，建立现场质量缺陷、安全风险、文明施工等数据资料，与BIM模型即时关联	●	●	●	LubanBE、LubanPDS、BIM 5D、CATLA(Digital Project)、广联达钢筋现场管理软件GSJ	协调内部和各分包的工作	1)快速完成施工中、竣工后的质量缺陷等数据的统计管理 2)对质量、安全、文明施工等问题落实整改，形成可追溯的记录
Ⅲ	施工阶段	3.13	质量、安全协同管理	3.13.2	提供详细质量、安全分析报告	●	●	●		根据质量、安全报告，协调改进	实时统计分析，提前预防，减少问题发生概率

续表

阶段		BIM应用大项		详细应用点		专业			BIM支持	施工方配合工作	预期成果
						土建	钢筋	安装	软件系统		
Ⅲ	施工阶段	3.14	现场资料管理	3.14.1	利用iBan进行工程质量、安全、施工、协同等管理	●	●	●	iBan	协调施工、监理、与咨询顾问的工作	利用移动终端（智能手机、平板电脑）采集现场数据，建立现场质量缺陷、安全风险、文明施工等数据资料，与BIM模型即时关联，缺陷问题可视化，方便施工中、竣工后的质量缺陷等数据的统计管理
				3.14.2	在BIM中建立工程资料档案	●	●	●	LubanBE、LubanPDS	协调施工、监理、与咨询顾问的工作	基于BIM技术的施工方档案资料协同管理平台，可将施工管理中、项目竣工和运行维护阶段需要的资料档案列入BIM模型中，实现高效管理与协同
		3.15	动画制作	3.15.1	动画脚本制作	●	●	●	Archi CAD、Archi BUS、Auto CAD、Artlantis、AccuRender、Fuzor、Inventor、Lumion、Lightscape、鲁班浏览器、鲁班驾驶舱、鲁班协同、MagiCAD、Rhino 3D、3ds Max、天正建筑	提供虚拟施工技术要求	1）展现施工工艺流程 2）扩大企业宣传
				3.15.2	施工方案虚拟，BIM模型渲染加工						

续表

阶段		BIM应用大项		详细应用点		专业			BIM支持	施工方配合工作	预期成果
						土建	钢筋	安装	软件系统		
Ⅳ	结算阶段	4.1	对外结算	4.1.1	工程量精算	●	●	●	LubanCAL、Archi CAD、Auto CAD、BIM清单计价、BIM三维算量 for CAD、BIM三维算量 for Revit、BIM安装算量 for Revit、BIM钢筋算量 for Revit、BIM建模 for Revit、BIM 5D、斑马梦龙网络计划、Catia(DP)、GJG钢结构三维算量软件、广联达BIM装饰计量软件GDQ、广联达BIM市政算量GMA、广联达公路工程计价软件GHW、广联达电力算量软件GMS、广联达GTJ、广联达BIM土建计量平台GCL、广联达BIM钢筋计量平台GGJ、广联达计价软件GBQ、鲁班排布、鲁班总体、鲁班造价、鲁班协同、鲁班进度计划、MagiCAD、Revit、天正建筑、VISSIM	提供甲方结算要求	1)实现对过程中签证、变更等资料的快速创建,方便在结算阶段追溯 2)实现结算工程量、造价的准确快速统计 3)通过云模型检查、云指标检查,分析审核结算造价,减少1%~10%的少算漏算
				4.1.2	量审核配合	●	●	●	LubanCAL、Archi CAD、Auto CAD、BIM清单计价、BIM三维算量 for CAD、BIM三维算量 for Revit、BIM安装算量 for Revit、BIM钢筋算量 for Revit、BIM建模 for Revit、BIM 5D、斑马梦龙网络计划、Catia(DP)、GJG钢结构三维算量软件、广联达BIM装饰计量软件GDQ、广联达BIM市政算量GMA、广联达公路工程计价软件GHW、广联达电力算量软件GMS、广联达GTJ、广联达BIM土建计量平台GCL、广联达BIM钢筋计量平台GGJ、广联达计价软件GBQ、鲁班排布、鲁班总体、鲁班造价、鲁班协同、鲁班进度计划、MagiCAD、Revit、天正建筑、VISSIM	提供甲方结算要求	1)在合理范围内提高项目结算造价 2)结算技术谈判配合

续表

阶段		BIM应用大项		详细应用点		专业：土建	专业：钢筋	专业：安装	BIM支持：软件系统	施工方配合工作	预期成果
Ⅳ	结算阶段	4.2	分包结算	4.2.1	量审核配合	●	●	●	LubanCAL、Archi CAD、Auto CAD、BIM清单计价、BIM三维算量for CAD、BIM三维算量for Revit、BIM安装算量for Revit、BIM钢筋算量for Revit、BIM建模for Revit、BIM 5D、斑马梦龙网络计划、Catia(DP)、GJG钢结构三维算量软件、广联达BIM装饰计量软件GDQ、广联达BIM市政算量GMA、广联达公路工程计价软件GHW、广联达电力算量软件GMS、广联达GTJ、广联达BIM土建计量平台GCL、广联达BIM钢筋计量平台GGJ、广联达计价软件GBQ、鲁班排布、鲁班总体、鲁班造价、鲁班协同、鲁班进度计划、MagiCAD、Revit、天正建筑、VISSIM	分包结算依据	1)避免多算多付 2)划分清楚各分包结算范围
		4.3	多算对比	4.3.1	协助分析盈亏情况	●	●	●	LubanMC、Archi CAD、Auto CAD、BIM清单计价、BIM三维算量for CAD、BIM三维算量for Revit、BIM安装算量for Revit、BIM钢筋算量for Revit、BIM建模for Revit、BIM 5D、斑马梦龙网络计划、Catia(DP)、GJG钢结构三维算量软件、广联达BIM装饰计量软件GDQ、广联达BIM市政算量GMA、广联达公路工程计价软件GHW、广联达电力算量软件GMS、广联达GTJ、广联达BIM土建计量平台GCL、广联达BIM钢筋计量平台GGJ、广联达计价软件GBQ、鲁班排布、鲁班总体、鲁班造价、鲁班协同、鲁班进度计划、MagiCAD、Revit、天正建筑、VISSIM	以客户方为主，鲁班提供支撑	知道什么地方赚钱，什么地方亏钱

续表

阶段	BIM应用大项	详细应用点	专业：土建	专业：钢筋	专业：安装	BIM支持：软件系统	施工方配合工作	预期成果
V 竣工交付	5.1 BIM竣工模型	5.1.1 工程档案资料录入	●	●	●	LubanBE、LubanPDS	工程过程资料	电子化、结构化，快速搜索和分析，避免资质工程资料遗失
V 竣工交付	5.1 BIM竣工模型	5.1.2 维护和更新施工阶段BIM模型	●	●	●	LubanBE、LubanPDS、Archi BUS	提供竣工模型要求	1）富含大量运行维护所需数据和资料的BIM模型 2）可以给业主提供增值服务 3）实现BIM竣工模型（虚拟建筑）的信息与实际建筑物
V 竣工交付	5.2 竣工图制作辅助	5.2.1 协助完成现场施工图纸			●	Archi CAD、Auto CAD、BIM建模 for Revit、Catia(DP)、InfraWorks、Lumion、路立得、鲁班总体、鲁班协同、MagiCAD、MicroStation、Revit、天正建筑、VISSIM	有固定施工人员协助	提高施工员工作效率，加快出竣工图的速度
VI 运行维护阶段	6.1 工程资料信息快速查询	6.1.1 整合消防系统、照明系统、监控系统等在三维模型中直观展示	●		●	LubanBE、LubanPDS、Archi CAD、Archi BUS、Auto CAD、Artlantis、天正建筑 AccuRender、Fuzor、Inventor、Lumion、Lightscape、鲁班浏览器、鲁班驾驶舱、鲁班协同、MagiCAD、Rhino 3D、3ds Max	物业管理公司提供管理规则，设备公司提供技术参数	1）实现各子系统的管理协调 2）快速查询和调取设备信息 3）突发事件应急处理，防患于未然，快速准确定位灾害位置
VI 运行维护阶段	6.1 工程资料信息快速查询	6.1.2 设置设备养护和更换自动提醒			●	LubanBE、LubanPDS、Archi BUS		
VI 运行维护阶段	6.2 运行维护信息记录	6.2.1 运行维护信息记录			●	LubanBE、LubanPDS、Archi BUS	建立运行维护管理制度	快速动态记录运行维护历史资料
VI 运行维护阶段	6.2 运行维护信息记录	6.2.2 运行维护信息查询			●	LubanBE、LubanPDS、Archi BUS	建立运行维护管理制度	快速查询运行维护历史资料

续表

<table>
<tr><th rowspan="2" colspan="2">阶段</th><th rowspan="2" colspan="2">BIM 应用大项</th><th rowspan="2" colspan="2">详细应用点</th><th colspan="3">专业</th><th>BIM 支持</th><th rowspan="2">施工方配合工作</th><th rowspan="2">预期成果</th></tr>
<tr><th>土建</th><th>钢筋</th><th>安装</th><th>软件系统</th></tr>
<tr><td rowspan="6">Ⅶ</td><td rowspan="6">现场服务</td><td rowspan="2">7.1</td><td rowspan="2">BIM 应用指导</td><td>7.1.1</td><td>BIM 技术培训</td><td>●</td><td>●</td><td>●</td><td>Myluban</td><td>建立 BIM 工程例会</td><td rowspan="3">BIM 技术培训、应用指导《BIM 顾问现场问题和改进建议报告》</td></tr>
<tr><td>7.1.2</td><td>BIM 应用指导</td><td>●</td><td>●</td><td>●</td><td>Myluban</td><td></td></tr>
<tr><td rowspan="2">7.2</td><td rowspan="2">现场管理支持</td><td>7.2.1</td><td>现场管理改善建议</td><td>●</td><td>●</td><td>●</td><td>Myluban</td><td></td></tr>
<tr><td>7.2.2</td><td>现场管理和技术支持</td><td>●</td><td>●</td><td>●</td><td>Myluban</td><td></td><td>管理支持和技术问题处理支持</td></tr>
<tr><td rowspan="2">7.3</td><td rowspan="2">知识传递</td><td>7.3.1</td><td>BIM 应用知识传递</td><td>●</td><td>●</td><td>●</td><td>Myluban</td><td>建立 Myluban 协同平台</td><td rowspan="2">BIM 和项目管理外部知识传入，提升本项目和本企业管理水平</td></tr>
<tr><td>7.3.2</td><td>项目管理知识传递</td><td>●</td><td>●</td><td>●</td><td>Myluban</td><td></td></tr>
<tr><td rowspan="2">Ⅷ</td><td rowspan="2">咨询服务</td><td rowspan="2">8.1</td><td rowspan="2">企业调研</td><td>8.1.1</td><td>项目挑战调研、需求分析</td><td rowspan="2" colspan="3">●</td><td rowspan="2">—</td><td rowspan="2">组建 BIM 管理、支持团队；
制定 BIM 应用管理制度；
建立必要的软件硬件网络环境</td><td rowspan="2">1）明确 BIM 应用实施规划
2）企业相关情况和流程，便于后续实施</td></tr>
<tr><td>8.1.2</td><td>提出针对性 BIM 实施策略</td></tr>
<tr><td></td><td></td><td rowspan="2">8.2</td><td rowspan="2">实施方案</td><td>8.2.1</td><td>方案编写</td><td>●</td><td>●</td><td>●</td><td>—</td><td>提供项目管理目标、资料</td><td>《BIM 实施方案》</td></tr>
<tr><td></td><td></td><td>8.2.2</td><td>实施方案动员贯彻</td><td>●</td><td>●</td><td>●</td><td>—</td><td>人员组织、中层阻力克服</td><td>清除、消解 BIM 实施阻力</td></tr>
</table>

续表

阶段	BIM应用大项		详细应用点		专业			BIM支持	施工方配合工作	预期成果
					土建	钢筋	安装	软件系统		
	8.3	BIM应用制度建设	8.3.1	制定BIM应用操作流程	●			—	提供施工组织设计、进度计划、参建单位情况 组织施工BIM协调工作会议 督促各项改进措施的落实	1)实现施工阶段的精细化管理 2)培训、指导各岗位BIM应用 3)建立企业BIM应用管理体系
			8.3.2	制定BIM应用管理制度						
			8.3.3	编制BIM操作手册						
			8.3.4	协助建立企业BIM中心						
	8.4	BIM标准建设	8.4.1	建立数据标准	●	●	●	—	提供已有各项标准	1)建立健全BIM应用的规范 2)明确各岗位工作准则 3)统一标准和要求
			8.4.2	建立建模标准	●	●	●	—		
			8.4.3	建立模型审核标准	●	●	●	—		
			8.4.4	建立模型维护标准	●	●	●	—		
			8.4.5	建立应用标准	●	●	●		提供协同管理流程制度	

续表

阶段	BIM 应用大项		详细应用点		专业			BIM 支持	施工方配合工作	预期成果
					土建	钢筋	安装	软件系统		
	8.5	BIM 培训	8.5.1	BIM 理念培训		●		ALL	安排人员、场地和时间	帮助企业培养 BIM 团队
			8.5.2	BIM 建模培训	●	●	●			
			8.5.3	各岗位 BIM 应用培训	●	●	●			
	8.6	BPR-流程改进	8.6.1	流程改进设计	●	●	●	—	原有流程提供	建立基于 BIM 的作业流程(后期实施)
			8.6.2	流程执行检查	●	●	●	—	团队配合	问题报告
	8.7	数据查询系统部署	8.7.1	PDS 系统(含 BE、MC 客户端)部署		●		LubanPDS LubanMC	确保 BIM 应用环境可用	集团公司多项目集中管理、查看、统计和分析,以及单个项目不同阶段的多算对比保证 BIM 模型的准确性和及时性
			8.7.2	建立基于 BIM 基础数据共享平台		●				

说明：1. 本表中所列的所有应用点 BIM 团队均能实现预期成果，但预期成果的实现还取决于企业、项目和团队的各方条件、投入，以及对 BIM 团队工作的配合与支持；

2. 第一个 BIM 合作项目建议更注重导入效果，由浅入深，在取得一定成效后逐步增加应用点；

3. 建造阶段 BIM 应用会不断扩展增加，每年会达到 20 余项；

4. 企业在 BIM 顾问指导下实施。

附录7 业主方建造阶段BIM应用方案与价值详解

阶段		鲁班提供的服务项目		服务内容		专业			BIM系统	业主方配合工作	预期成果
						土建	钢筋	安装			
I	规划设计	1.1	设计方案三维展示	1.1.1	建立三维BIM模型	●	●	●	LubanBW、LubanBE、Archi CAD、天正建筑、Archi BUS、Auto CAD、Artlantis、AccuRender、Fuzor、Inventor、Lumion、Lightscape、鲁班浏览器、鲁班驾驶舱、鲁班协同、MagiCAD、Rhino 3D、3ds Max	提供各类设计方案电子图纸	1）直观、形象展示整个项目情况 2）提前对项目功能性、不合理处等进行评估和调整
		1.2	设计图纸问题发现	1.2.1	建立BIM模型，检查图纸缺陷，查找模型内所有冲突点	●	●	●	LubanCAL、LubanBW、BIM 5D、CATLA(Digital Project)、鲁班浏览器、鲁班节点、鲁班驾驶舱、广联达钢筋现场管理软件GSJ、鲁班下料、鲁班集成应用、鲁班移动监控、鲁班协同、鲁班造价、Navisworks、BIM三维算量for CAD、BIM安装算量for CAD、BIM三维算量for Revit、BIM安装算量for Revit、BIM钢筋算量for Revit、GJG钢结构三维算量软件、广联达BIM装饰计量软件GDQ、广联达BIM市政算量GMA、广联达公路工程计价软件GHW、广联达电力算量软件GMS、广联达GTJ、广联达BIM土建计量平台GCL、广联达BIM钢筋计量平台GGJ、广联达计价软件GBQ、鲁班总体		1）事前发现设计错误，有效控制成本 2）提高设计图纸的质量和加快进度

续表

阶段		鲁班提供的服务项目		服务内容		专业			BIM系统	业主方配合工作	预期成果
						土建	钢筋	安装			
I	规划设计	1.3	方案造价评估	1.3.1	根据历史BIM数据库，组合分析设计方案的可行性、投资收益	●	●	●	LubanCAL、LubanPRP、BIM 5D、BIM清单计价、BIM三维算量for CAD、BIM安装算量for CAD、BIM三维算量for Revit、BIM安装算量for Revit、Fluent、Preject、Tekla、BIM钢筋算量for Revit、GJG钢结构三维算量软件、广联达BIM装饰计量软件GDQ、广联达BIM市政算量GMA、广联达公路工程计价软件GHW、广联达电力算量软件GMS、SketchUp、广联达GTJ、广联达BIM土建计量平台GCL、广联达BIM钢筋计量平台GGJ、MicroStation、VISSIM、广联达计价软件GBQ、鲁班总体、鲁班造价、Autodesk CFD、Autodesk Civil 3D、BIM审模forRevit、斑马梦龙网络计划、PowerCivil、CATLA（Digital Project）、鲁班进度计划	提供各类设计方案电子图纸	提供投资最优方案建议
		1.4	限额设计支持	1.4.1	根据历史指标对成本费用进行实时模拟和核算	●	●	●		提供历史造价数据	1）快速得到各种结构的工程量、造价指标 2）协助设计人员自查自纠、主动控制
II	施工招标	2.1	BIM技术招标条款制定	2.1.1	拟定参建方BIM能力要求	●	●	●	—	提供商务条款 确定对各参建方的奖罚条例 协调投标单位的工作	1）制定合理BIM技术招标条款 2）选择优质施工方、监理方 3）确保后期BIM应用的有效开展
				2.1.2	确定各阶段BIM输出成果	●	●	●			
				2.1.3	确定BIM质量控制规范	●	●	●			

续表

阶段		鲁班提供的服务项目		服务内容		专业			BIM 系统	业主方配合工作	预期成果
						土建	钢筋	安装			
Ⅱ	施工招标	2.2	建立预算 BIM 模型	2.2.1	标底工程量精算	●	●	●	LubanCAL、Archi CAD、Auto CAD、BIM 清单计价、BIM 三维算量 for CAD、BIM 三维算量 for Revit、BIM 安装算量 for Revit、BIM 钢筋算量 for Revit、BIM 建模 for Revit、BIM 5D、斑马梦龙网络计划、Catia(DP)、GJG 钢结构三维算量软件、广联达 BIM 装饰计量软件 GDQ、广联达 BIM 市政算量 GMA、广联达公路工程计价软件 GHW、广联达电力算量软件 GMS、广联达 GTJ、广联达 BIM 土建计量平台 GCL、广联达 BIM 钢筋计量平台 GGJ、广联达计价软件 GBQ、鲁班排布、鲁班总体、鲁班造价、鲁班协同、鲁班进度计划、MagiCAD、Revit、天正建筑、VISSIM	提供完整电子图纸	1)提前在模型中发现图纸问题 2)精确统计工程量，形成准确的工程量清单
				2.2.2	资金计划支持	●	●	●	LubanCAL、LubanPRP、Archi CAD、Auto CAD、BIM 清单计价、BIM 三维算量 for CAD、BIM 三维算量 for Revit、BIM 安装算量 for Revit、BIM 钢筋算量 for Revit、BIM 建模 for Revit、BIM 5D、斑马梦龙网络计划、Catia(DP)、GJG 钢结构三维算量软件、广联达 BIM 装饰计量软件 GDQ、广联达 BIM 市政算量 GMA、广联达公路工程计价软件 GHW、广联达电力算量软件 GMS、广联达 GTJ、广联达 BIM 土建计量平台 GCL、广联达 BIM 钢筋计量平台 GGJ、广联达计价软件 GBQ、鲁班排布、鲁班总体、鲁班造价、鲁班协同、鲁班进度计划、MagiCAD、Revit、天正建筑、VISSIM	协调设计方和咨询顾问的工作	控制投资，精确测算项目造价，有效安排资金计划
		2.3	不平衡报价控制	2.3.1	投标单位不平衡报价分析	●	●	●		确定建模标准、数据标准，应用标准、提供相关电子图、蓝图	防止可能高达 10%的造价结算损失

续表

阶段		鲁班提供的服务项目		服务内容		专业			BIM 系统	业主方配合工作	预期成果
						土建	钢筋	安装			
Ⅲ	建造施工	3.1	BIM 模型维护	3.1.1	设计变更跟进	●	●	●	LubanCAL、Archi CAD、Auto CAD、BIM 清单计价、BIM 三维算量 for CAD、BIM 三维算量 for Revit、BIM 安装算量 for Revit、BIM 钢筋算量 for Revit、BIM 建模 for Revit、BIM 5D、斑马梦龙网络计划、Catia(DP)、GJG 钢结构三维算量软件、广联达 BIM 装饰计量软件 GDQ、广联达 BIM 市政算量 GMA、广联达公路工程计价软件 GHW、广联达电力算量软件 GMS、广联达 GTJ、广联达 BIM 土建计量平台 GCL、广联达 BIM 钢筋计量平台 GGJ、广联达计价软件 GBQ、鲁班排布、鲁班总体、鲁班造价、鲁班协同、鲁班进度计划、MagiCAD、Revit、天正建筑、VIS-SIM	协调设计、总包、专业分包、造价咨询和监理单位等工作	建立项目与企业级 BIM 数据中心
		3.2	标准执行控制	3.2.1	标准执行监督检查				—		形成满足质量要求与今后运行维护需求的 BIM 模型
		3.3	数据提供资源计划	3.3.1	进度款支付数据提供	●	●	●	LubanPDS、LubanMC	协调施工单位和监理单位的工作	快速完成审核，避免超付
				3.3.2	采购数据提供	●	●	●			快速准确的采购计划

续表

阶段		鲁班提供的服务项目		服务内容		专业			BIM系统	业主方配合工作	预期成果
						土建	钢筋	安装			
Ⅲ	建造施工	3.3	数据提供资源计划	3.3.3	甲供材料用量审核	●	●	●	—	协调施工单位和监理单位的工作	快速完成审核，避免飞单、超量浪费等
				3.3.4	签证索赔管控	●	●	●			提供工程量变更依据，避免超额签证
				3.3.5	专业分包工作量审核	●	●	●		要求投标单位必须建立模型并提交	1)提前在模型中发现图纸问题 2)精确统计工程量，形成准确的工程量清单
				3.3.6	材料领用控制（限额领料）	●	●	●	ERP	明确现有材料领用流程	对材料领用进行审核，避免材料超领造成浪费
				3.3.7	材料用量分析对比	●	●	●		实际材料采购量 现场剩余材料盘点	1)核对材料用量是否在控制范围内 2)出现问题时，协助现场管理人员查找原因 3)避免因材料飞单引起的材料偏差
				3.3.8	控制材料飞单	●	●	●		实际用量提供、进场数量	多算对比，控制飞单

续表

阶段		鲁班提供的服务项目		服务内容		专业			BIM系统	业主方配合工作	预期成果
						土建	钢筋	安装			
Ⅲ	建造施工	3.4	施工方案模拟	3.4.1	对重要施工方案进行多维度可视化模拟	●	●	●	LubanOS	协调设计方、施工单位和咨询顾问的工作	确定最优的施工方案
		3.5	BIM多专业集成应用1——碰撞检查	3.5.1	检测安装各专业碰撞	●		●	LubanBW、LubanBE、BIM 5D、CATLA(Digital Project)、鲁班驾驶舱、鲁班集成应用、鲁班移动监控、Navisworks	协调设计方、施工单位和咨询顾问的工作	1)缩短工期:降低财务成本 2)提升质量:大幅减少返工,改善工程质量,避免材料人工浪费造成施工单位索赔 3)保证安全:提前预见问题,减少危险因素
				3.5.2	检测安装与结构碰撞检查						
				3.5.3	检测安装与钢构碰撞检查						
				3.5.4	出碰撞报告						
				3.5.5	预留洞口定位报告						
				3.5.6	净高检查						
		3.6	BIM多专业集成应用2——漫游	3.6.1	手控漫游	●		●	LubanBW、LubanBE、BIM 5D、CATLA(Digital Project)、鲁班驾驶舱、鲁班集成应用、鲁班移动监控、Navisworks	协调设计方、施工单位和咨询顾问的工作	提前发现影响实际施工的碰撞点,加快施工进度
				3.6.2	指定路径漫游						
				3.6.3	动态碰撞检查(吊装运输碰撞)						
				3.6.4	属性动态查询						
		3.7	资料档案管理	3.7.1	在BIM中建立工程资料档案	●	●	●	LubanBE、LubanPDS	协调施工、监理、与咨询顾问的工作	基于BIM技术的业主方档案资料协同管理平台,可将施工管理中项目竣工和运行维护阶段需要的资料档案列入BIM模型中,实现高效管理与协同

续表

阶段		鲁班提供的服务项目		服务内容		专业			BIM 系统	业主方配合工作	预期成果
						土建	钢筋	安装			
Ⅲ	建造施工	3.8	土建:施工模型及BIM应用	3.8.1	根据施工方案调整模型(进度、施工段、措施等)	●			LubanCAL、Archi CAD、Auto CAD、BIM清单计价、BIM三维算量for CAD、BIM三维算量for Revit、BIM安装算量for Revit、BIM钢筋算量for Revit、BIM建模for Revit、BIM 5D、斑马梦龙网络计划、Catia(DP)、GJG钢结构三维算量软件、广联达BIM装饰计量软件GDQ、广联达BIM市政算量GMA、广联达公路工程计价软件GHW、广联达电力算量软件GMS、广联达GTJ、广联达BIM土建计量平台GCL、广联达BIM钢筋计量平台GGJ、广联达计价软件GBQ、鲁班排布、鲁班总体、鲁班造价、鲁班协同、鲁班进度计划、Magi-CAD、Revit、天正建筑、VISSIM	协调设计方、施工单位和咨询顾问的工作	深化设计，优化施工方案
				3.8.2	提供实际施工量						
				3.8.3	施工区域划分	●			LubanAR Archi CAD、Archi BUS、Auto CAD、Artlantis、AccuRender、Fu-zor、Inventor、Lumion、Lightscape、鲁班浏览器、鲁班驾驶舱、鲁班协同、MagiCAD、Rhino 3D、3ds Max、天正建筑、广联达BIM模板脚手架设计软件GMJ、鲁班模架	协调设计方、施工单位和咨询顾问的工作	深化设计，优化施工方案
				3.8.4	提供实际施工量						
				3.8.5	高大支模区域筛选					提供技术筛选条件	快速查找提供需高大支模具体位置进行施工单位的申报工作量审核

续表

阶段		鲁班提供的服务项目		服务内容		专业			BIM 系统	业主方配合工作	预期成果
						土建	钢筋	安装			
Ⅲ	建造施工	3.9	安装:管线综合	3.9.1	协助安装管线综合(深化设计)			●	LubanMEP、BIM 5D、BIM 三维算量 for CAD、BIM 安装算量 for CAD、BIM 三维算量 for Revit、BIM 安装算量 for Revit、广联达电力算量软件 GMS、鲁班总体、鲁班造价	协调设计方、施工单位和咨询顾问的工作	提前发现影响实际施工的碰撞点,加快施工进度
				3.9.2	辅助复杂区域方案优化			●	LubanMEP、LubanBW、BIM 5D、BIM 三维算量 for CAD、BIM 安装算量 for CAD、BIM 三维算量 for Revit、BIM 安装算量 for Revit、广联达电力算量软件 GMS、鲁班总体、鲁班造价、Archi CAD、Archi BUS、Auto CAD、Artlantis、AccuRender、Fuzor、Inventor、Lumion、Lightscape、鲁班浏览器、鲁班驾驶舱、MagiCAD、Rhino 3D、3ds Max	配合设计、施工方做三维方案	运用三维模型更快的找到最优方案
				3.9.3	建立全尺寸设备三维模型			●	LubanMEP、BIM 5D、BIM 三维算量 for Revit、BIM 安装算量 for Revit、鲁班总体、鲁班造价	提供设备厂商三维模型图或透视图	1)确定预留管线位置 2)参与管线碰撞 3)形象和直观展示
				3.9.4	建立企业设备库、构件库			●	LubanEDS	企业提供设备三维模型或透视图	1)形成企业级设备库,内部共享 2)形成企业核心竞争力

续表

阶段		鲁班提供的服务项目		服务内容		专业			BIM 系统	业主方配合工作	预期成果
						土建	钢筋	安装			
Ⅲ	建造施工	3.10	钢构专业BIM应用	3.10.1	钢构整体模型				LubanCAL、BIM 5D、BIM 三维算量 for CAD、BIM 三维算量 for Revit、GJG 钢结构三维算量软件、鲁班总体、鲁班造价	钢构图纸	建立钢构模型
				3.10.2	XSteel 模型导入				XSteel	设计 BIM 模型	计算工程量，用于同机电的碰撞(不含节点)
		3.11	工程图片数据服务	3.11.1	利用 iBan 进行工程质量、安全、施工、协同等管理	●	●	●	iBan	协调施工、监理、与咨询顾问的工作	利用移动终端(智能手机、平板电脑)采集现场数据，建立现场质量缺陷、安全风险、文明施工等数据资料，与 BIM 模型即时关联，缺陷问题可视化，方便施工中、竣工后的质量缺陷等数据的统计管理
		3.12	动画制作	3.12.1	动画脚本制作	●	●	●	Archi CAD、Archi BUS、Auto CAD、Artlantis、AccuRender、Fuzor、Inventor、Lumion、Lightscape、鲁班浏览器、鲁班驾驶舱、鲁班协同、MagiCAD、Rhino 3D、3ds Max、天正建筑	提供虚拟施工技术要求	1)施工难点提前反映 2)展现施工工艺流程 3)优化施工过程管理
				3.12.2	施工方案虚拟，BIM 模型渲染加工						

续表

阶段		鲁班提供的服务项目		服务内容		专业			BIM 系统	业主方配合工作	预期成果
						土建	钢筋	安装			
Ⅳ	结算阶段	4.1	结算审计配合	4.1.1	量审核配合	●	●	●	LubanCAL、Archi CAD、Auto CAD、BIM 清单计价、BIM 三维算量 for CAD、BIM 三维算量 for Revit、BIM 安装算量 for Revit、BIM 钢筋算量 for Revit、BIM 建模 for Revit、BIM 5D、斑马梦龙网络计划、Catia(DP)、GJG 钢结构三维算量软件、广联达 BIM 装饰计量软件 GDQ、广联达 BIM 市政算量 GMA、广联达公路工程计价软件 GHW、广联达电力算量软件 GMS、广联达 GTJ、广联达 BIM 土建计量平台 GCL、广联达 BIM 钢筋计量平台 GGJ、广联达计价软件 GBQ、鲁班排布、鲁班总体、鲁班造价、鲁班协同、鲁班进度计划、MagiCAD、Revit、天正建筑、VIS-SIM	协调财务部门、施工单位的工作	1)实现对过程中签证、变更等资料的快速创建，方便在结算阶段追溯 2)实现结算工程量、造价的准确快速统计，有效控制结算造价 3)通过造价指标对比，分析审核结算造价
Ⅴ	竣工交付	5.1	BIM 竣工模型	5.1.1	维护和更新施工阶段 BIM 模型	●	●	●	LubanBE、LubanPDS、Archi BUS	督促施工方完善 BIM 模型	1)业主获得的是富含大量运行维护所需数据和资料的 BIM 模型； 2)实现 BIM 竣工模型(虚拟建筑)的信息与实际建筑物信息一致
				5.1.2	竣工资料录入	●	●	●			

续表

阶段		鲁班提供的服务项目		服务内容		专业			BIM 系统	业主方配合工作	预期成果
						土建	钢筋	安装			
Ⅵ	运行维护阶段	6.1	各系统资料信息快速查询	6.1.1	整合消防系统、照明系统、监控系统等，在三维模型中直观展示				LubanBE、LubanPDS、Archi BUS	物业管理公司提供管理规则，设备公司提供技术参数	1)实现各子系统的管理协调 2)快速查询和调取设备信息 3)突发事件应急处理，防患于未然，快速确定灾害位置
				6.1.2	设置设备养护和更换自动提醒				LubanBE、LubanPDS、Archi BUS		
		6.2	运行维护信息记录	6.2.1	运行维护信息记录				LubanBE、LubanPDS、Archi BUS	建立运行维护管理制度	快速动态记录运行维护历史资料
				6.2.2	运行维护信息查询				LubanBE、LubanPDS、Archi BUS		快速查询运行维护历史资料
Ⅶ	现场服务	7.1	BIM 应用指导	7.1.1	BIM 技术培训	●	●	●	Myluban	协调各参建方，建立 BIM 工程例会	BIM 技术培训、应用指导
				7.1.2	BIM 应用指导	●	●	●	Myluban		
		7.2	现场管理支持	7.2.1	现场管理改善建议	●	●	●	Myluban		《BIM 顾问现场问题和改进建议报告》
				7.2.2	现场管理和技术支持	●	●	●	Myluban		管理支持和技术问题处理支持
		7.3	知识传递	7.3.1	BIM 应用知识传递	●	●	●	Myluban	建立 Myluban 协同平台	BIM 和项目管理外部知识传入，提升本项目和本企业管理水平
				7.3.2	项目管理知识传递	●	●	●	Myluban		

续表

阶段		鲁班提供的服务项目		服务内容		专业			BIM系统	业主方配合工作	预期成果
						土建	钢筋	安装			
Ⅶ	现场服务	8.1	企业调研	8.1.1	项目挑战调研、需求分析	●			—	组建BIM管理、支持团队； 制定BIM应用管理制度； 建立必要的软件硬件网络环境	1)明确BIM应用实施规划 2)企业相关情况和流程,便于后续实施
				8.1.2	提出针对性BIM实施策略						
		8.2	实施方案	8.2.1	方案编写	●	●	●	—	提供项目管理目标、资料	《BIM实施方案》
				8.2.2	实施方案动员宣传	●	●	●	—	人员组织、中层阻力克服	清除、消解BIM实施阻力
Ⅷ	咨询服务	8.3	BIM应用制度建设	8.3.1	制定BIM应用操作流程	●			—	提供企业相关情况 组织施工BIM协调工作会议 督促各项改进措施的落实	1)实现建造阶段的精细化管理 2)培训、指导各岗位BIM应用 3)建立企业BIM应用管理体系
				8.3.2	制定BIM应用管理制度						
				8.3.3	编制BIM操作手册						
				8.3.4	协助建立企业BIM中心						

续表

阶段		鲁班提供的服务项目		服务内容		专业			BIM 系统	业主方配合工作	预期成果
						土建	钢筋	安装			
Ⅷ	咨询服务	8.4	BIM 标准建设	8.4.1	建立数据标准	●	●	●	—	提供已有各项标准	1)建立健全 BIM 应用的规范 2)明确各岗位工作准则 3)统一标准和要求
				8.4.2	建立建模标准	●	●	●	—		
				8.4.3	建立模型审核标准	●	●	●	—		
				8.4.4	建立模型维护标准	●	●	●	—		
				8.4.5	建立应用标准	●	●	●	—	提供协同管理流程制度	
		8.5	BIM 培训	8.5.1	BIM 理念培训		●		ALL	安排人员、场地和时间	帮助企业培养 BIM 团队
				8.5.2	BIM 建模培训	●	●	●			
				8.5.3	各岗位 BIM 应用培训	●	●	●			
		8.6	流程改进（BPR）	8.6.1	流程改进设计	●	●	●	—	原有流程提供	建立基于 BIM 的作业流程(后期实施)
				8.6.2	流程执行检查	●	●	●	—	团队配合	问题报告
		8.7	数据查询系统部署	8.7.1	PDS 系统(含 BE、MC 客户端)部署		●		LubanPDS LubanMC LubanEDS	确保 BIM 应用环境可用	1)集团公司多项目集中管理、查看、统计和分析，以及单个项目不同阶段的多算对比 2)保证 BIM 模型的准确性和及时性
				8.7.2	建立基于 BIM 基础数据共享平台						

说明：

1. 本表中所列的所有应用点 BIM 团队均能实现预期成果，但预期成果的实现还取决于企业、项目和团队的各方条件、投入，以及对 BIM 团队工作的配合与支持；
2. 第一个 BIM 合作项目建议更注重导入效果，由浅入深，在取得一定成效后逐步增加应用点；
3. 建造阶段 BIM 应用会不断扩展增加，每年会达到 20 余项；
4. 业主方在 BIM 顾问指导下实施。

参考文献

[1] 陈敏，董晓华，刘冀，等. 基于工程教育认证标准的培养目标达成度评价方法研究与实践 [J]. 教育教学论坛，2017（50）：109-110.

[2] 顾佩华，胡文龙，林鹏，等. 基于“学习产出”（OBE）的工程教育模式——汕头大学的实践与探索 [J]. 高等工程教育研究，2014（1）：27-37.

[3] 顾佩华，胡文龙，陆小华，等. 从CDIO在中国到中国的CDIO发展路径、产生的影响及其原因研究 [J]. 高等工程教育研究，2017（1）：24-43.

[4] 李茂国，朱正伟. 工程教育范式：从回归工程走向融合创新 [J]. 中国高教研究，2017（6）：30-36.

[5] 林健. 面向“卓越工程师”培养的课程体系和教学内容改革 [J]. 高等工程教育研究，2011（5）：1-9.

[6] 林健. 新工科建设：强势打造“卓越计划”升级版 [J]. 高等工程教育研究，2017（3）：7-14.

[7] 林健. 注重卓越工程教育本质，创新工程人才培养模式 [J]. 中国高等教育，2011（6）：19-21.

[8] 陆启越. 大学社会评价的模式研究 [D]. 长沙：湖南大学，2014.

[9] 孙晓娟. 专业认证视角下工程教育质量保障研究 [D]. 上海：华东理工大学，2017.

[10] 唐飞燕. 美国佐治亚理工学院工程教育实践课程研究 [D]. 广州：华南理工大学，2017.

[11] 王小春，苑帅民，康冉. 关于构建高校毕业生信息追踪反馈机制的探讨 [J]. 中国集体经济，2012（6）：184.

[12] 吴秋凤，李洪侠，沈杨. 基于OBE视角的高等工程类专业教学改革研究教育探索 [J]. 2016（5）：97-100.

[13] 肖凤翔，覃丽君. 麻省理工学院新工程教育改革的形成、内容及内在逻辑 [J]. 高等工程教育研究，2018（2）.

[14] 叶民，孔寒冰，张炜. 新工科：从理念到行动 [J]. 高等工程教育研究，2018（1）：24-31.

[15] 朱正伟，李茂国. 实施卓越工程师教育培养计划 2.0 的思考 [J]. 高等工程教育研究，2018 (1)：46-53.

[16] 克劳雷. 重新认识工程教育——国际 CDIO 培养模式与方法 [M]. 顾佩华，沈民奋，陆小华，译. 北京：高等教育出版社，2010.